张小瑜的粘土食玩

张小瑜 著

重庆大学出版社

清香缭绕指尖
掌心甜蜜飞舞
这一处繁花的季节
盛开了少女情事

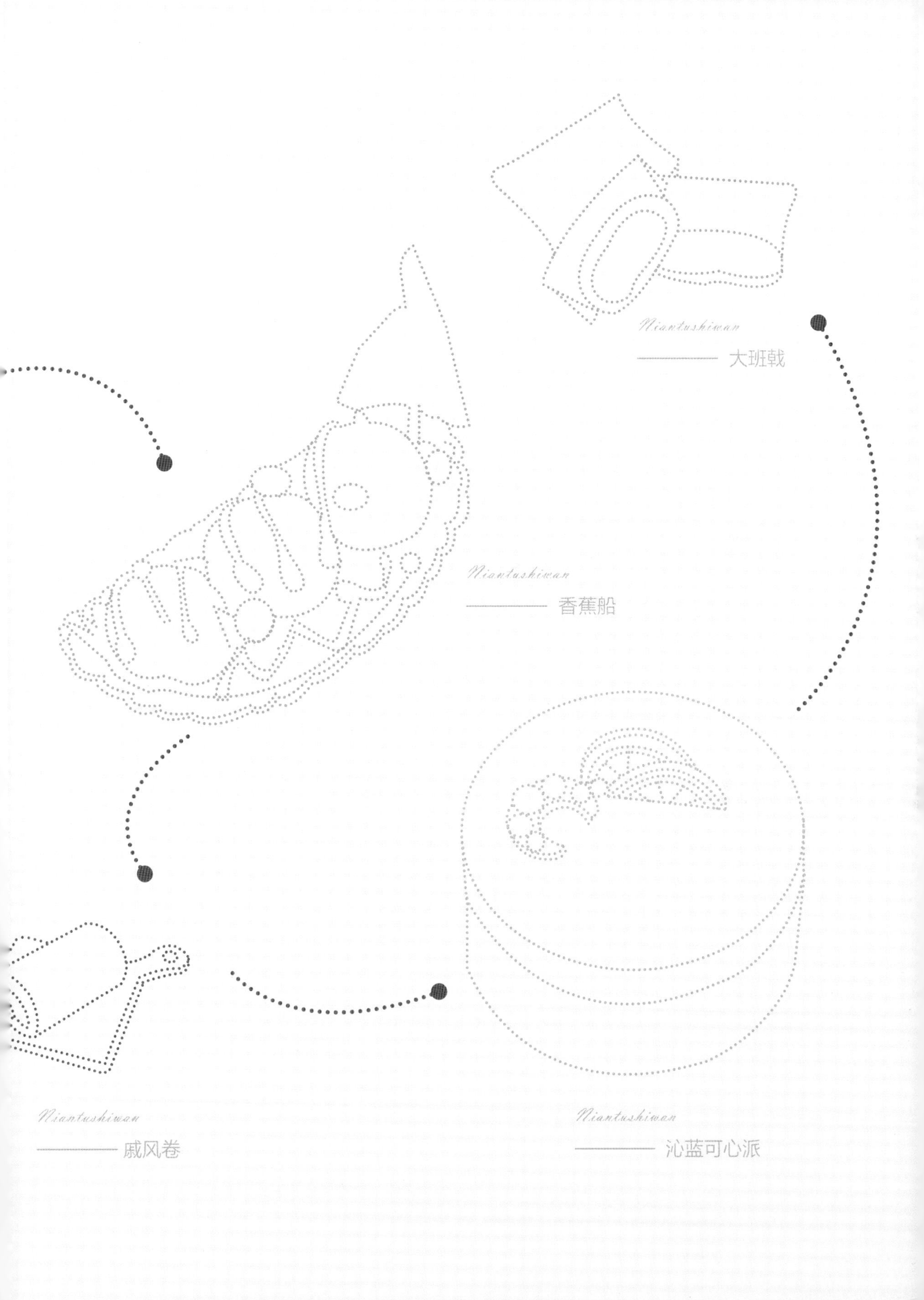
Niantushiwan
大班戟
Niantushiwan
香蕉船
Niantushiwan
戚风卷
Niantushiwan
沁蓝可心派

自 序

手工就像魔法，有种特别神奇的魔力吸引着我！因为靠自己的双手能让一切你不曾拥有的，立刻奔向你的怀抱。吃、喝、玩、乐、萌物、摆件、饰品，甚至你喜爱的明星、你爱的亲人和你的朋友们，粘土都能帮你呈现。

最开始我也只是一个普普通通的艺校学生，刚学舞蹈的第一年很辛苦，吵吵闹闹要回家，因为父母的劝说也就坚持了下来，一直到慢慢地热爱舞蹈，现在的工作能对口自己的专业，也是很知足。我因为从小在外地独自生活，所以自理能力还是不错的，从没学过美术、设计等专业，也就平时没课的时候喜欢做一些小手工，比如十字绣、数字油画、DIY 小屋、不织布娃娃、手工香皂、拼图等，以爱好来充实生活。

不过，我真正开始做手工却是因为我的好闺蜜。某年她生日，我觉得买礼物不如自己做来得有新意，于是想亲自捏一个蛋糕送给她，所以就买了材料做了一个蛋糕。做完之后剩了一堆粘土放在那里，扔掉又浪费，就捏了点小东西打发时间，并且录制视频发到了平台上。这算是给生活添点乐趣吧！粘土做着做着兴趣就变得浓厚了，觉得非常有意思，就决定正式“入坑”。不知过了多久，视频的点击率和浏览量变高了！我感到很吃惊，大家都非常喜欢我的作品，这点是我万万没想到的。

从那之后，我就经常更新一些粘土或者其他手工作品给大家看，也获得了很多的好评。进入手工圈多年，感觉也是和当初学舞蹈一样，是一种坚持让我走到现在。也因为美拍，我认识了很多朋友，大家都是手工爱好者，互相学习、互相进步。毕业两年多了，工作压力越来越大，很多时候没有心思也没有时间去做手工，但我还是尽量每天更新一个视频，也不知道大家会不会一直喜欢我，喜欢和我在一起的时光……

每天接受小粉丝们的表白，其实感觉很棒！

我觉得自己能给这平凡的生活增添一些小灿烂，是一件非常美好的事情！如果你喜欢我，那么请准备好你爱手工的心跟我开始吧！

目 录

4

冰淇淋的世界

5

奶油的世界

粘土食玩必备材料

这些是我自己摸索出使用频率最高的工具了，有些工具甚至叫不出专业的名称，但是基本按照使用功能来分类也是不会错的。另外，一些工具已经被我装饰了一下，如果感兴趣你也可以尝试一下哦，使用起来心情也会变得不一样。

工具介绍：

1. 压板：压板可以说是做手工必不可少的工具之一了，上手后就会发现真的离不开它。其用途包括搓细条、搓圆、调整形状和厚度等。压板也有各种不同的材质，其中玻璃压板使用后很好清理。

2. 剪刀：剪刀分弯头和直头的，在使用时可以根据自己的需求选择，有些细节只有剪刀能处理好。

3. 镊子：调整细节，连接小部件等，代替手指用。

4. 笔刀：小型刀片，可以像笔一样握在手中随时调节使用力度和角度。

5. 刀片：根据自己的需求使用长刀片或短刀片。也可弯曲使用。

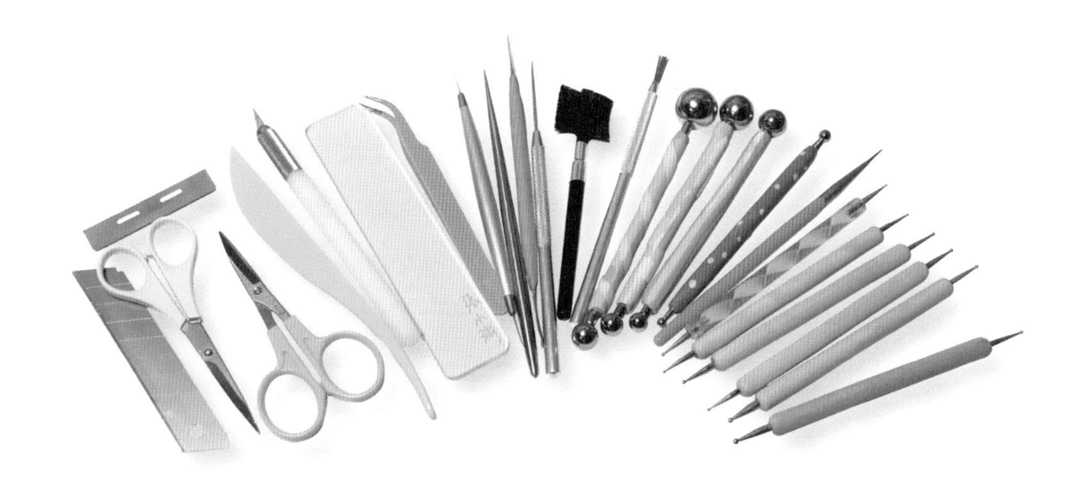

6. 开眼刀：从专业的角度来说多用于软陶，在制作超轻粘土时，并不是必备工具，自己可以酌情使用。

7. 棒针：两头粗细不一样，多数用来压痕。

8. 细节针：用于制作细节部分，也可以用棒针的细头代替。

9. 七本针：由很多根小针组成，戳一些食物的纹理是很好用的。

10. 毛刷：制作纹理效果用，相较七本针纹路浅，可用牙刷代替。

11. 丸棒：大小尺寸有很多种，大的可以用来制作碗、盘子等；有些小的像一颗小珠子，制作眼睛、鼻孔等都可以用。棒体部分可以代替擀棒使用。

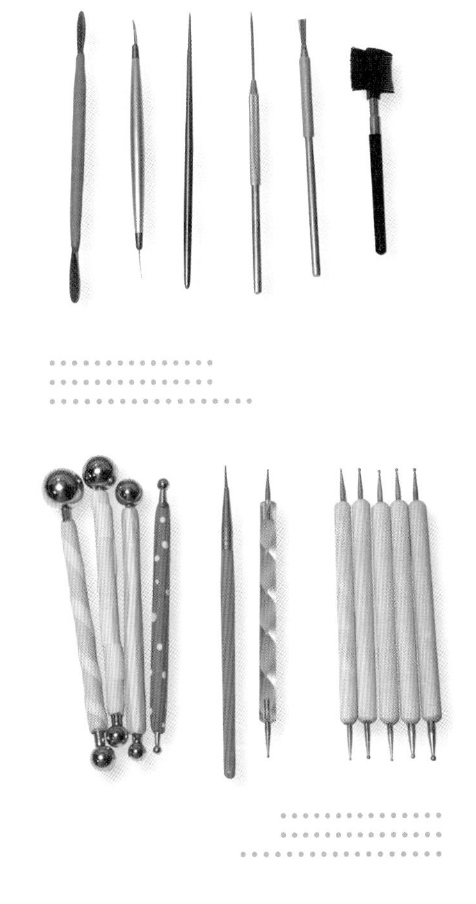

纯净的黑色里
无瑕之火在燃烧
蛋糕上一抹沁蓝
清新又可心

食玩蛋糕

系列

粉嫩公主派

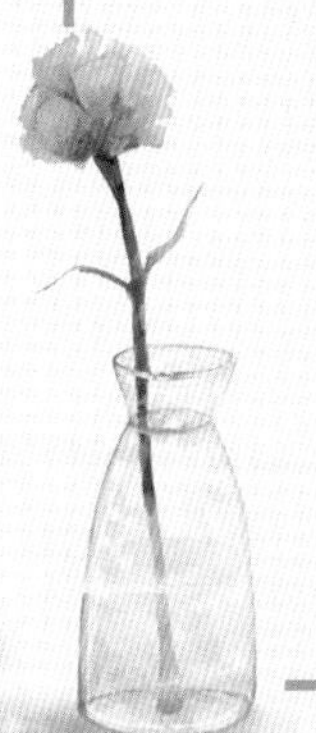

食玩蛋糕系列

准备工具：

压模
擀棒
压板
珠光粉
装饰珍珠

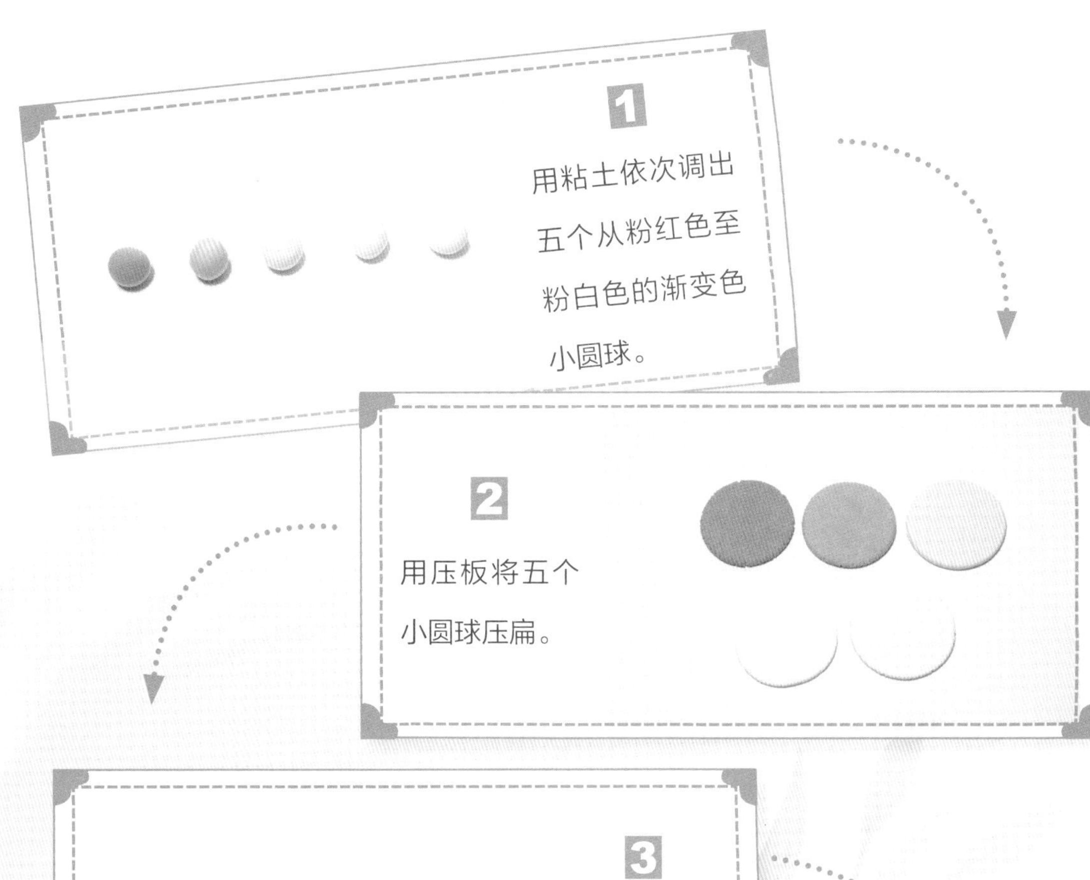

1

用粘土依次调出五个从粉红色至粉白色的渐变色小圆球。

2

用压板将五个小圆球压扁。

3

按颜色由深到浅，自下而上重叠。

4

然后用压模从中间压下去，压出中间的圆柱体先放在一边。

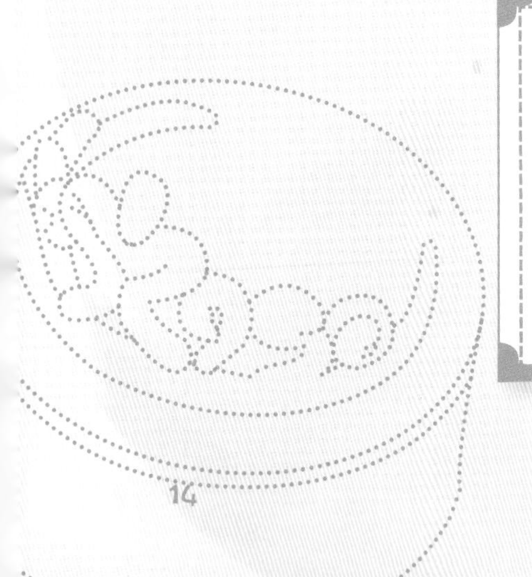

5

将边缘压出的圆圈切开平摊，整齐地拼合在一起。

6

用擀棒擀成薄薄的渐变色粘土块。

7

用模具将渐变色粘土块压圆，贴在步骤4压出的圆柱体粘土上面。

8

接着用白色粘土搓成细小的条条。

9

可以想象一下皇冠的造型，然后捏出造型贴在上面。

10

把捏出来的东西立起来，皇冠的形状就出来啦！

11

将白色的珠光粉涂在皇冠上，记得要涂均匀哦。

12

再将珍珠点缀上去。

13
粉嫩公主皇冠食玩蛋糕就完成了。
14

清新薄荷派

食玩蛋糕系列

准备工具：

压模
毛刷
刀片
笔盖
细节针

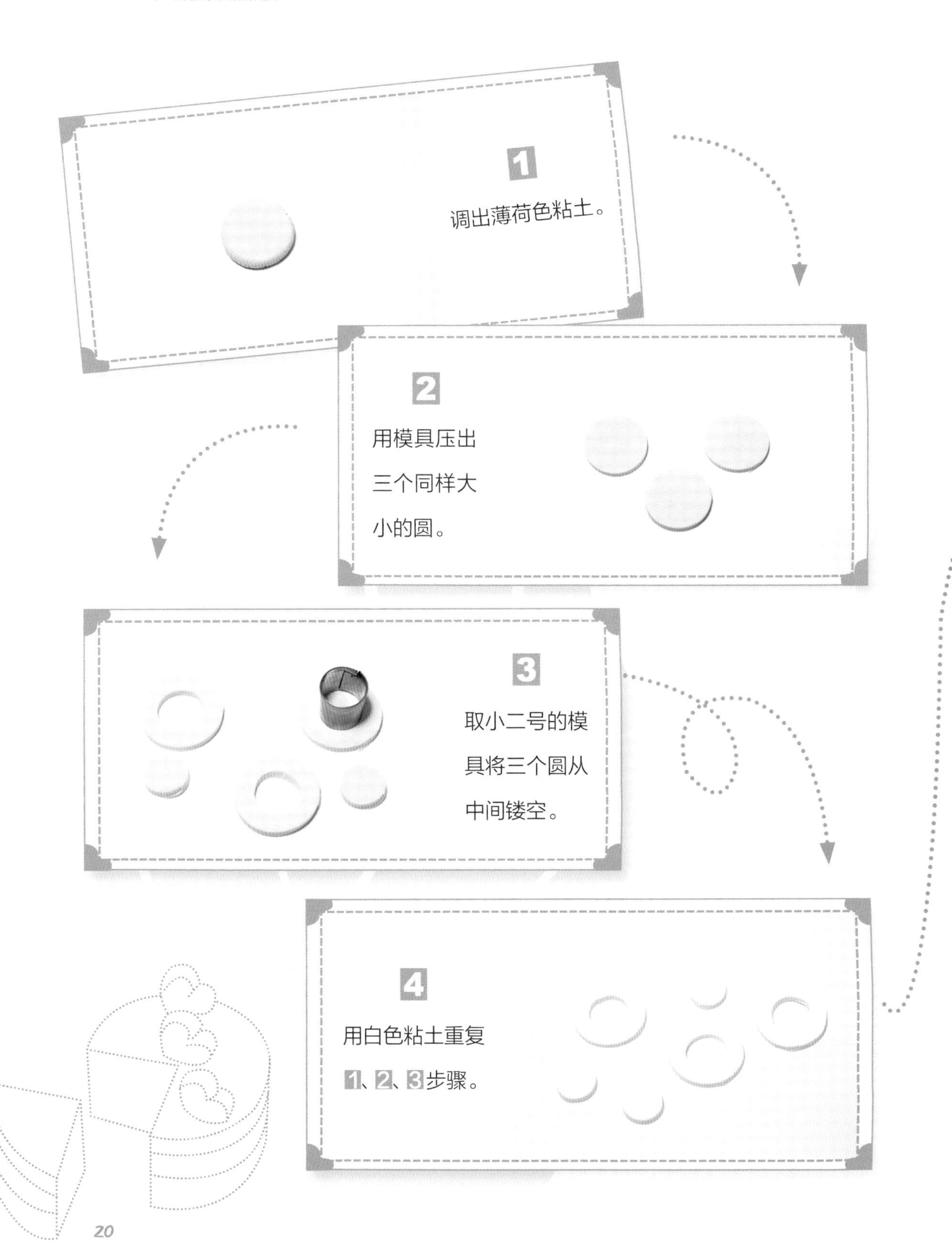
1
调出薄荷色粘土。
2
用模具压出
三个同样大
小的圆。
3
取小二号的模
具将三个圆从
中间镂空。
4
用白色粘土重复
1、2、3步骤。

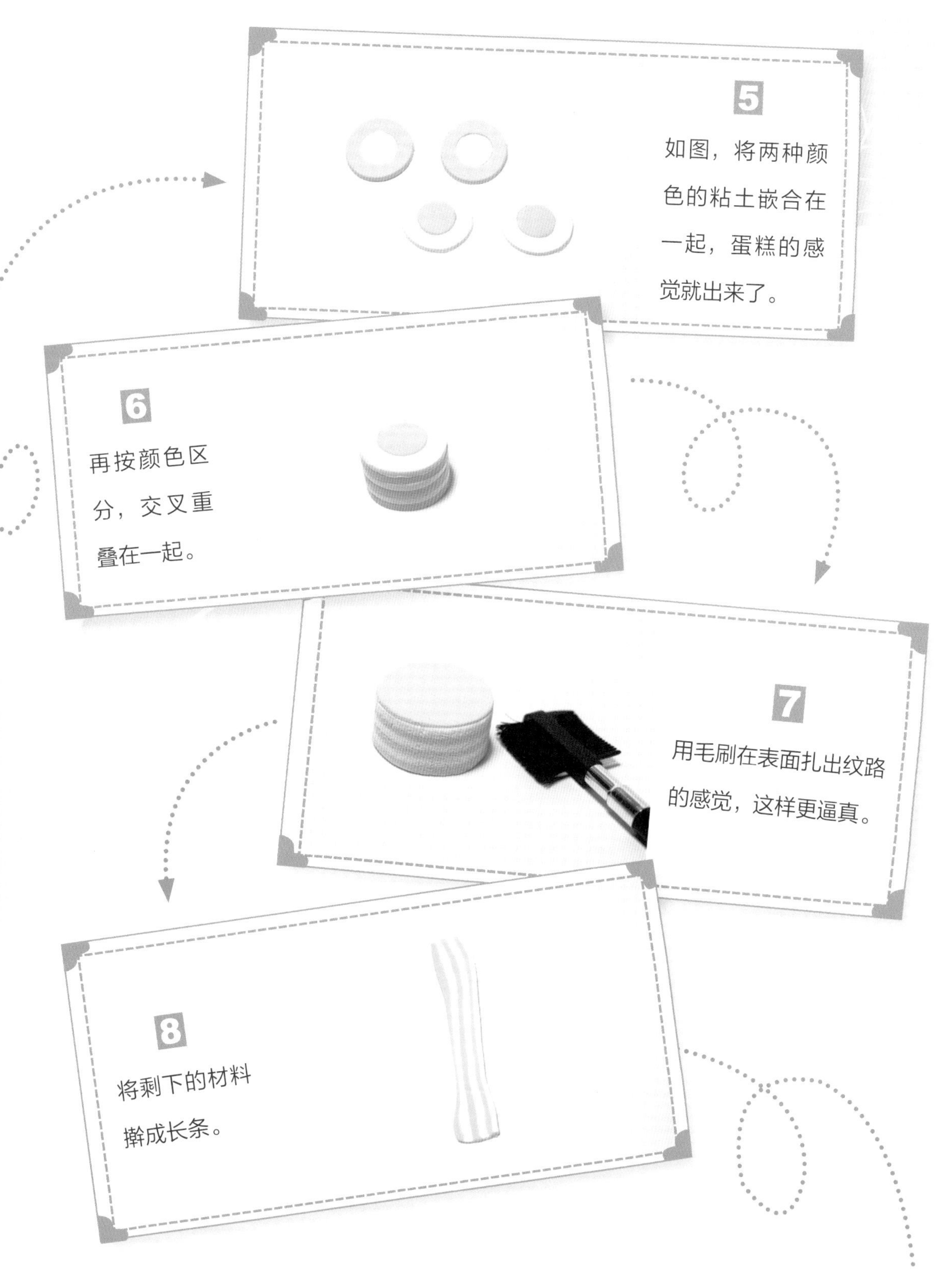
5
如图，将两种颜
色的粘土嵌合在
一起，蛋糕的感
觉就出来了。
6
再按颜色区
分，交叉重
叠在一起。
7
用毛刷在表面扎出纹路
的感觉，这样更逼真。
8
将剩下的材料
擀成长条。

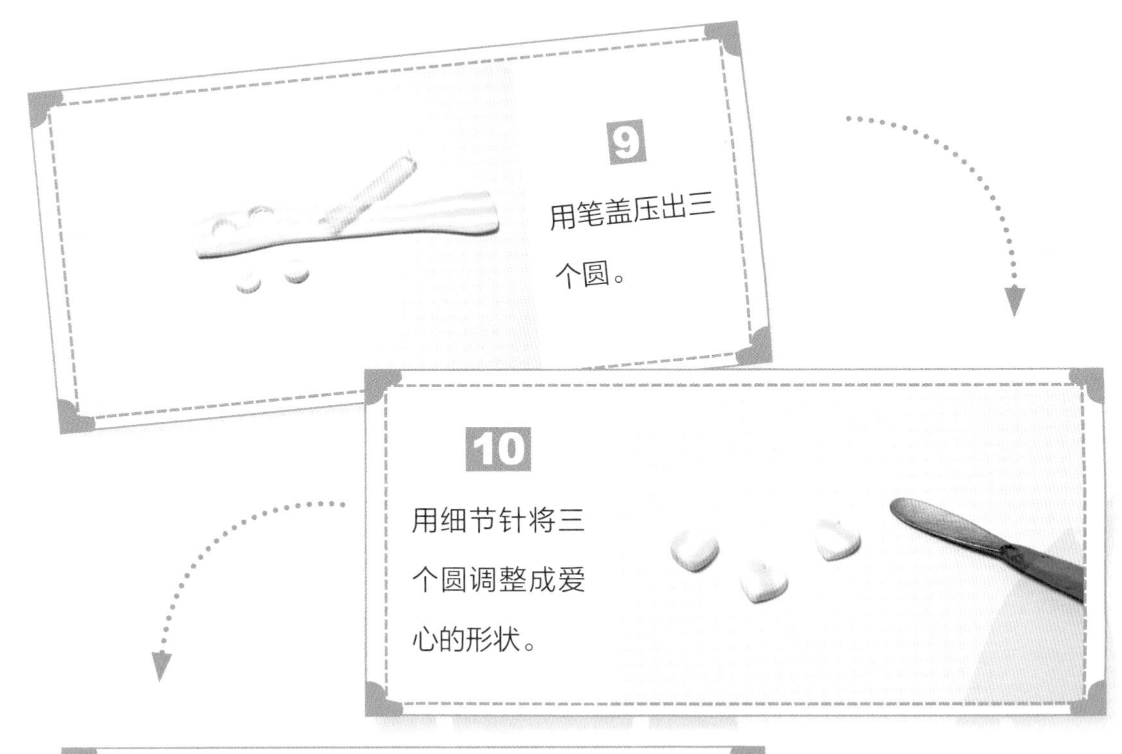

9

用笔盖压出三个圆。

10

用细节针将三个圆调整成爱心的形状。

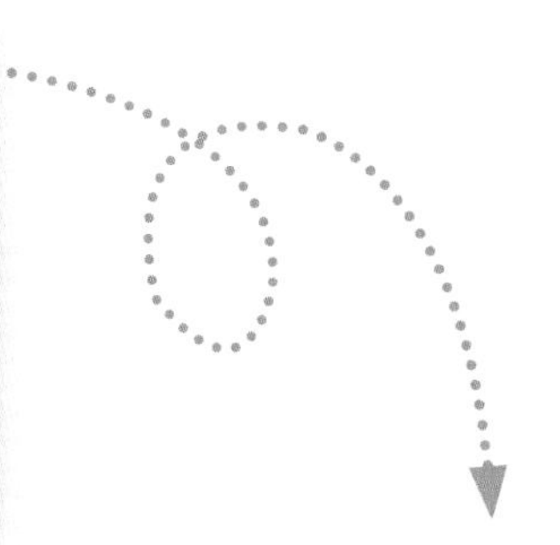

11

将三个小爱心装饰在蛋糕上。

12

将蛋糕切开一角。

13
再次用毛刷将一角蛋糕扎出纹路。
14
清新薄荷蛋糕完成啦！

准备工具：

压模

滴胶

亮粉

毛刷

1

浅黄色粘土搓成小圆球。

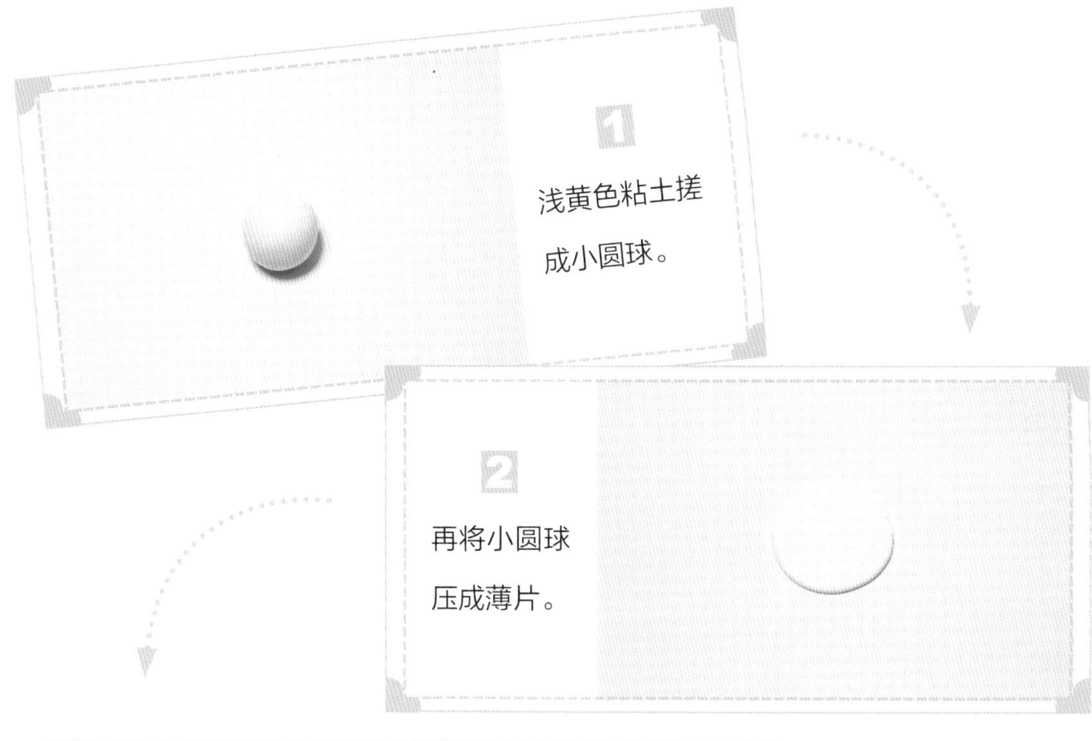

2

再将小圆球压成薄片。

3

用模具将浅黄色粘土薄片切出一个标准圆。

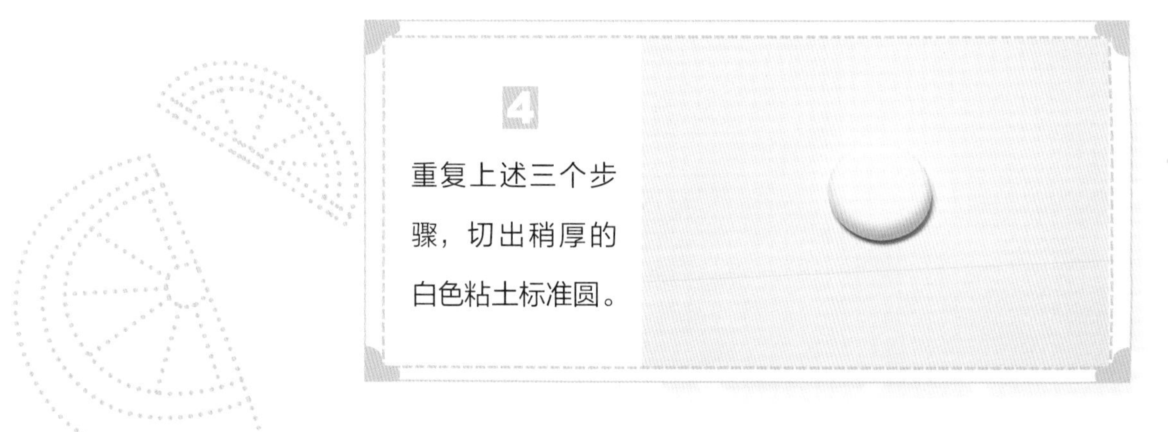

4

重复上述三个步骤，切出稍厚的白色粘土标准圆。

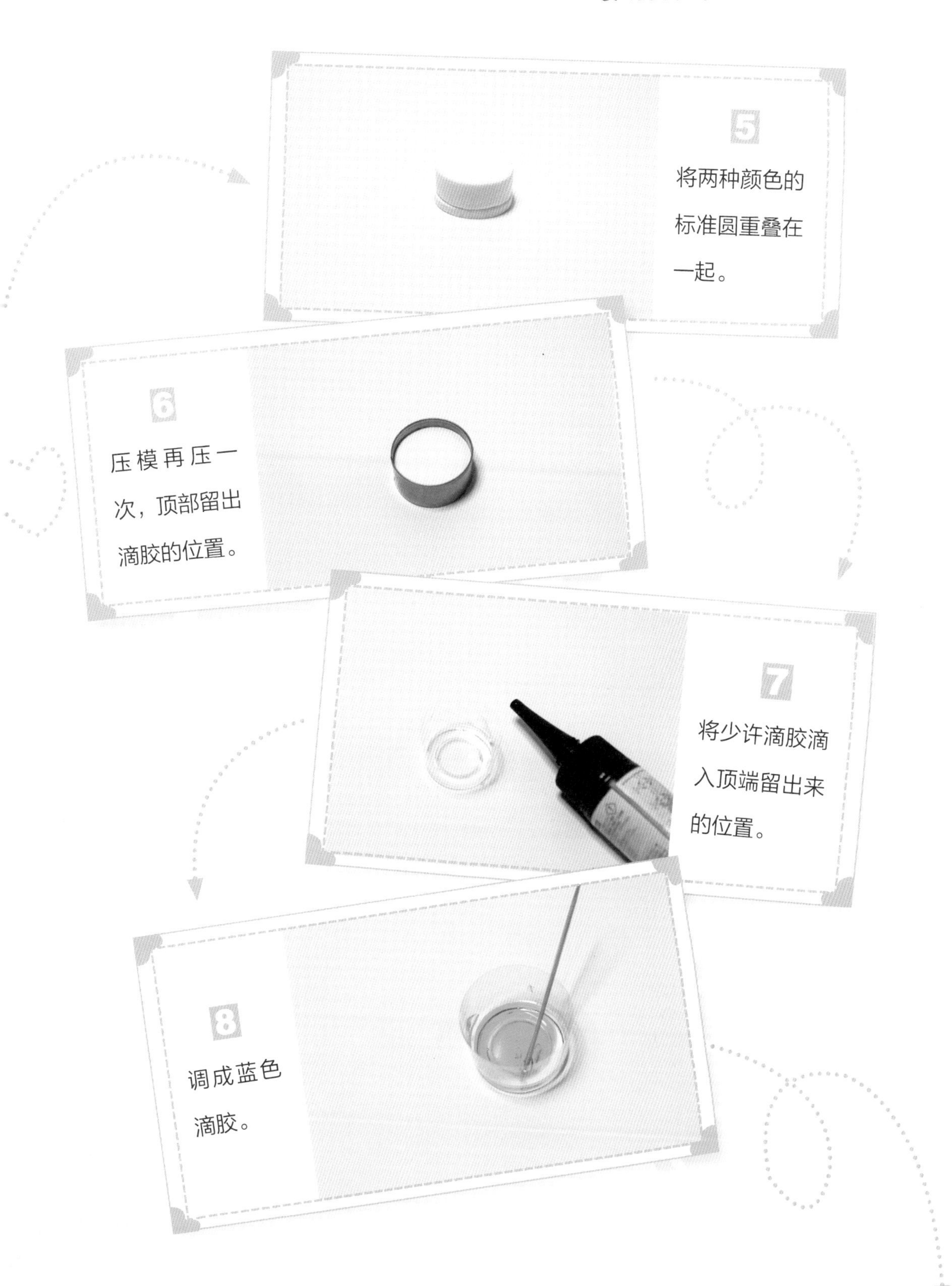
5
将两种颜色的标准圆重叠在一起。
6
压模再压一次，顶部留出滴胶的位置。
7
将少许滴胶滴入顶端留出来的位置。
8
调成蓝色滴胶。

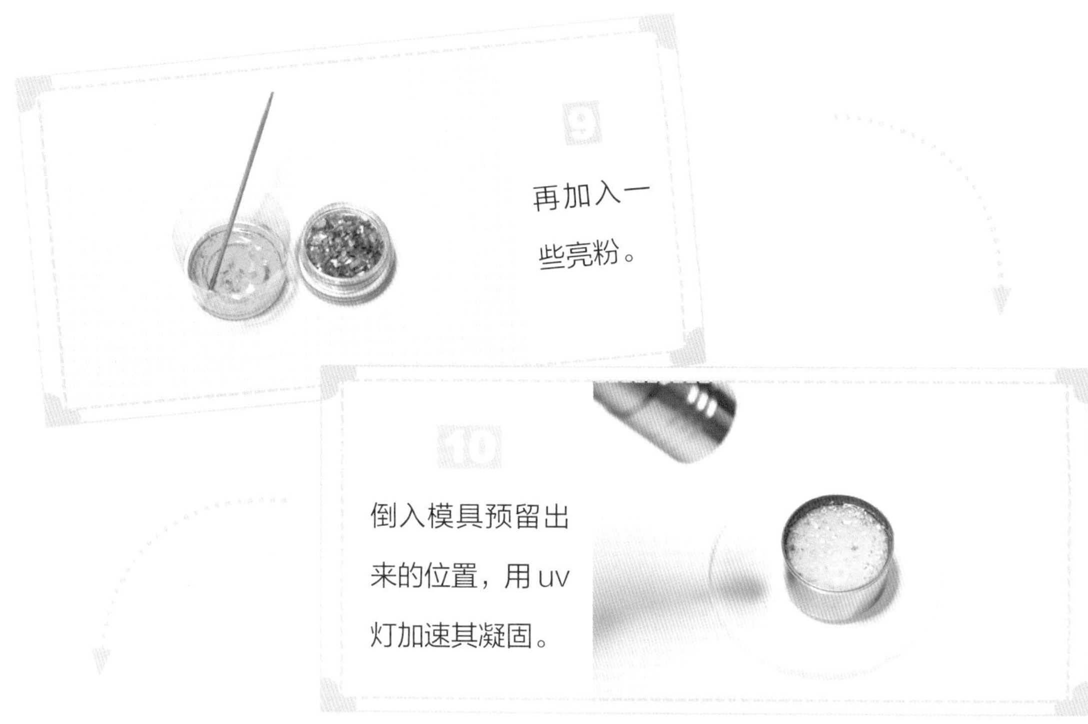

9

再加入一些亮粉。

10

倒入模具预留出来的位置，用uv灯加速其凝固。

11

切少许水果片，插入顶端。

12

再加入一些透明滴胶封层。

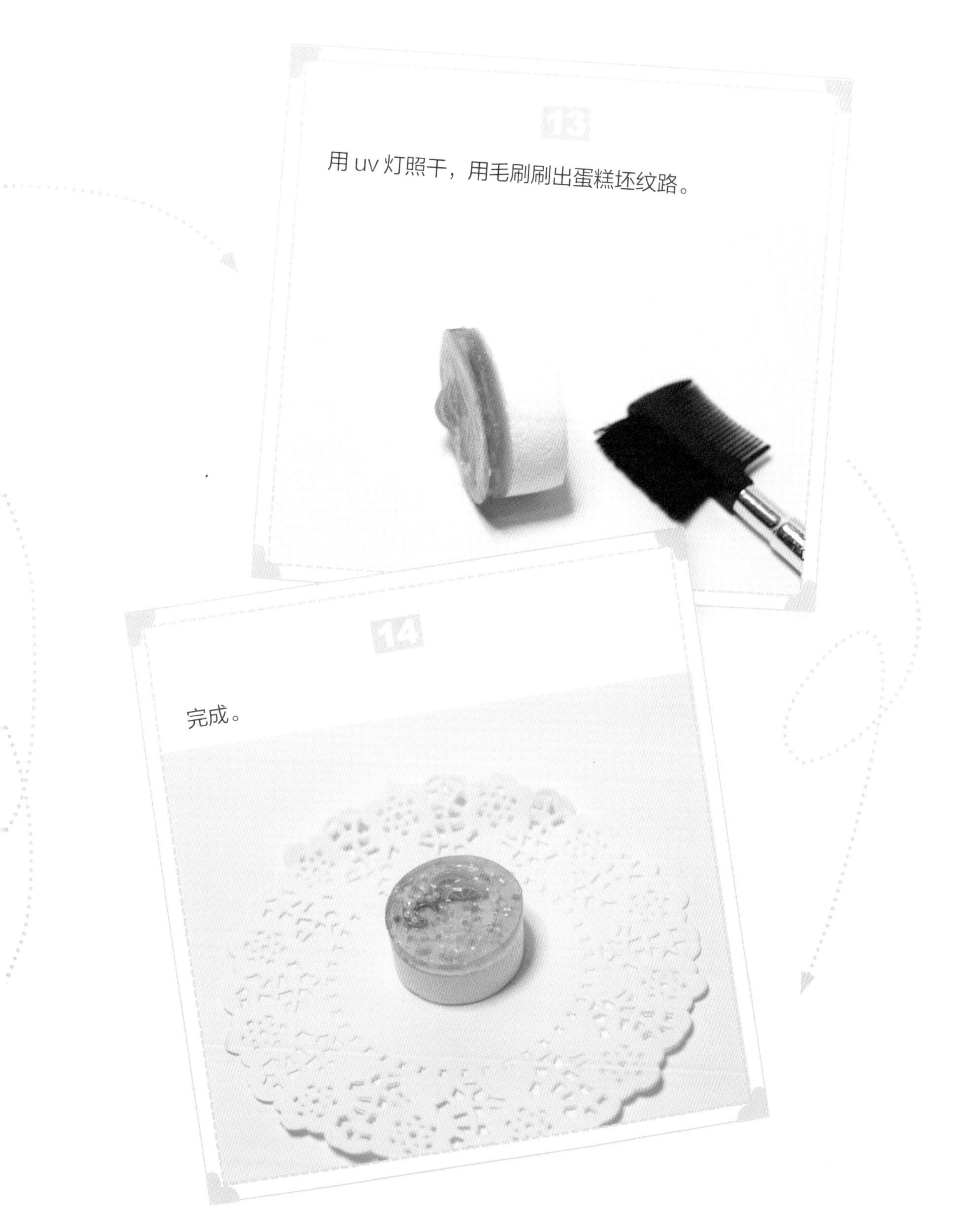

13

用 uv 灯照干，用毛刷刷出蛋糕坯纹路。

14

完成。

低调奢华派

食玩蛋糕系列

准备工具：

压板　刀片
细节刀　色精
奶油土　擀棒
裱花嘴
裱花袋
珠光粉

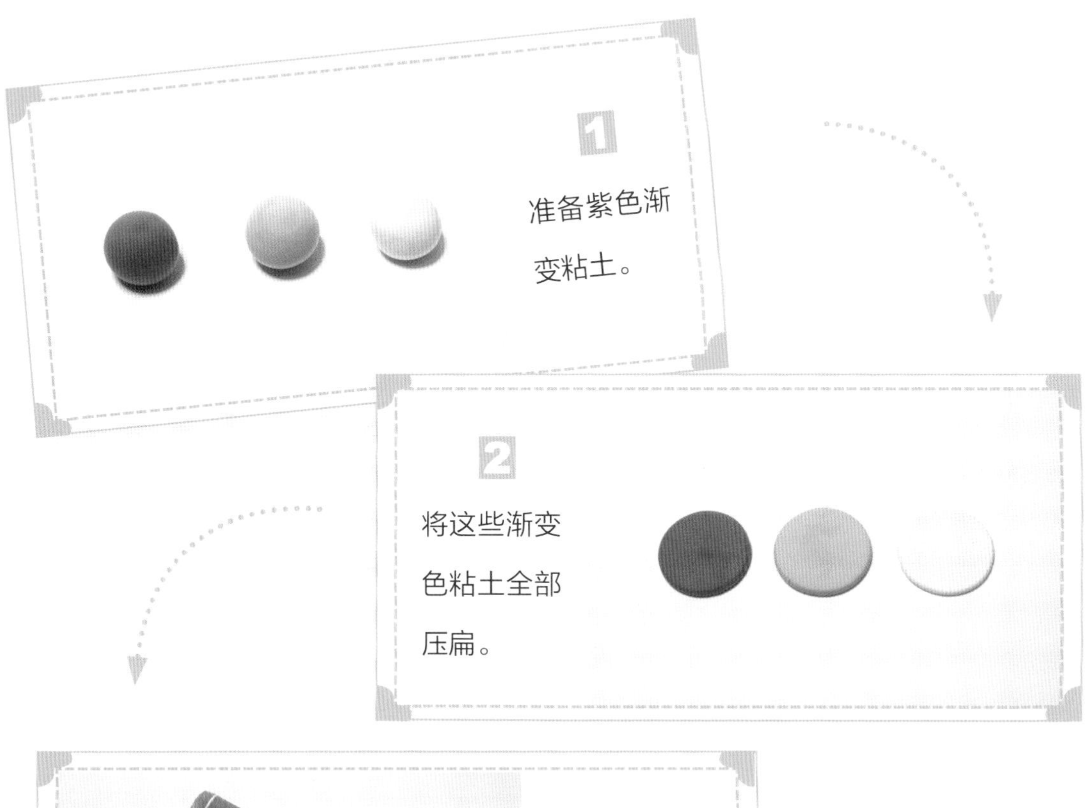

1

准备紫色渐变粘土。

2

将这些渐变色粘土全部压扁。

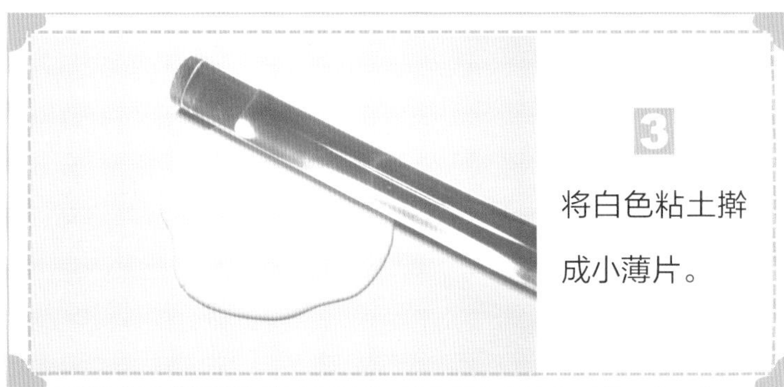

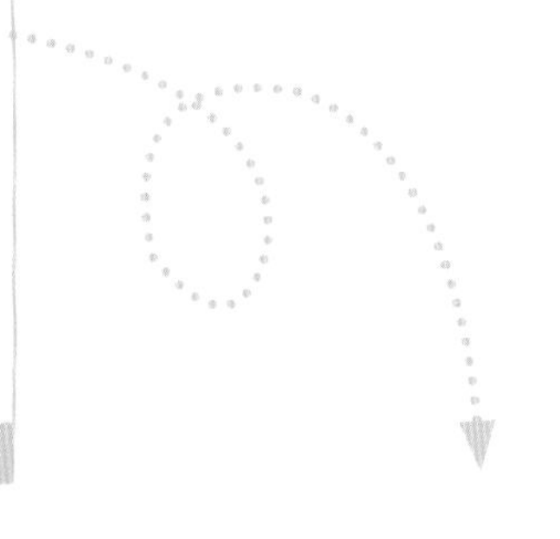

3

将白色粘土擀成小薄片。

4

将白色粘土小薄片夹在三个渐变色粘土中间。

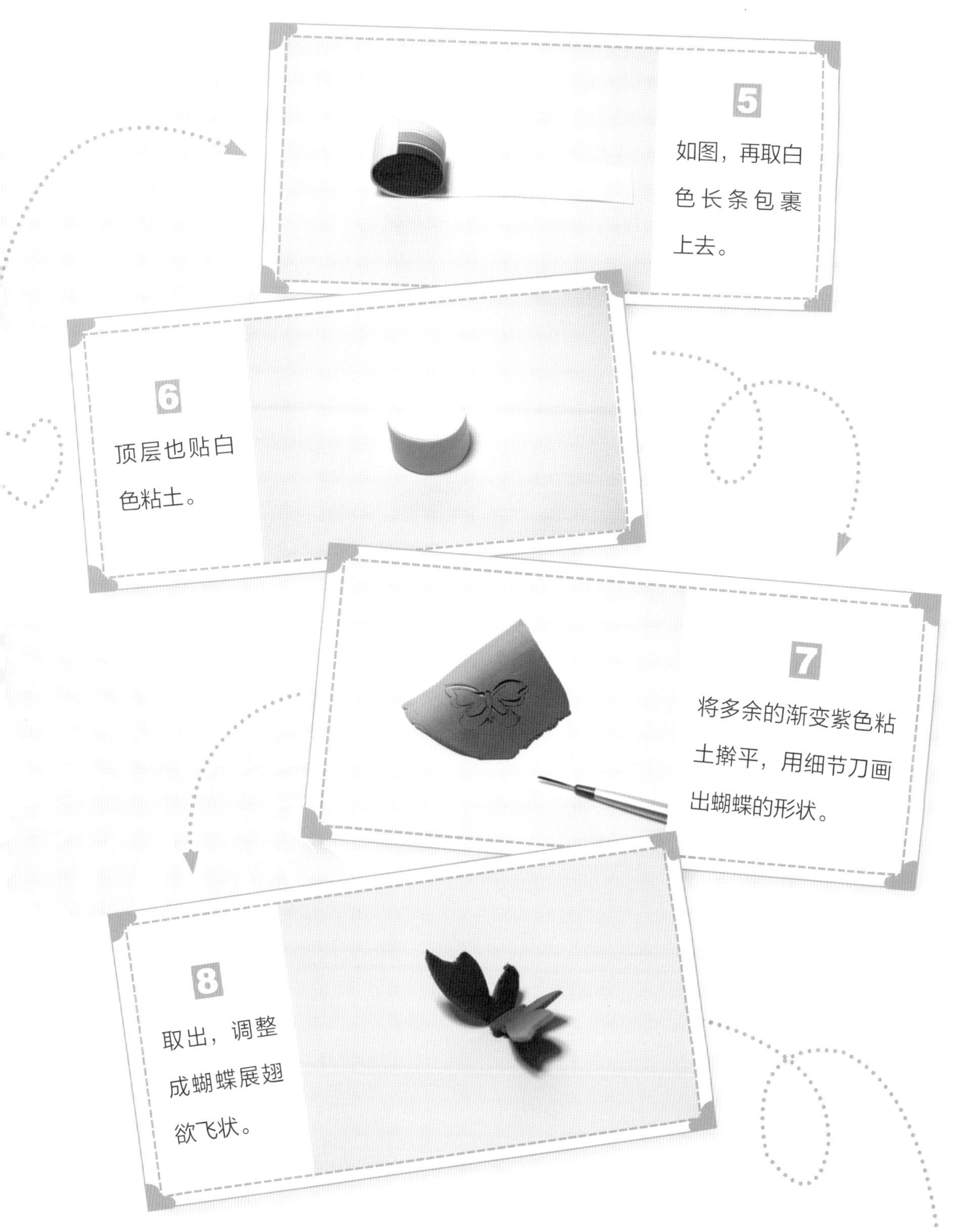

5

如图，再取白色长条包裹上去。

6

顶层也贴白色粘土。

7

将多余的渐变紫色粘土擀平，用细节刀画出蝴蝶的形状。

8

取出，调整成蝴蝶展翅欲飞状。

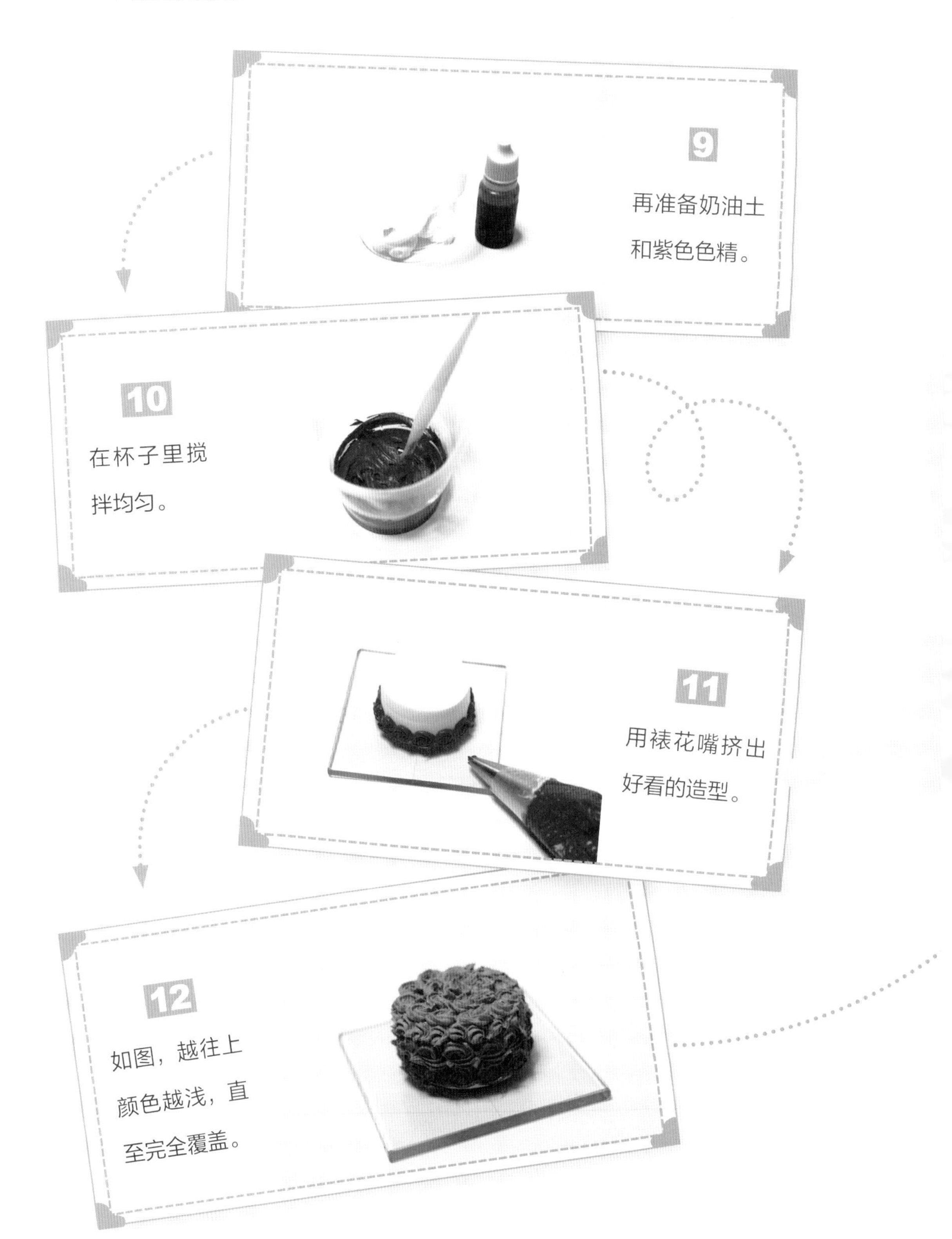
9
再准备奶油土
和紫色色精。
10
在杯子里搅
拌均匀。
11
用裱花嘴挤出
好看的造型。
12
如图，越往上
颜色越浅，直
至完全覆盖。

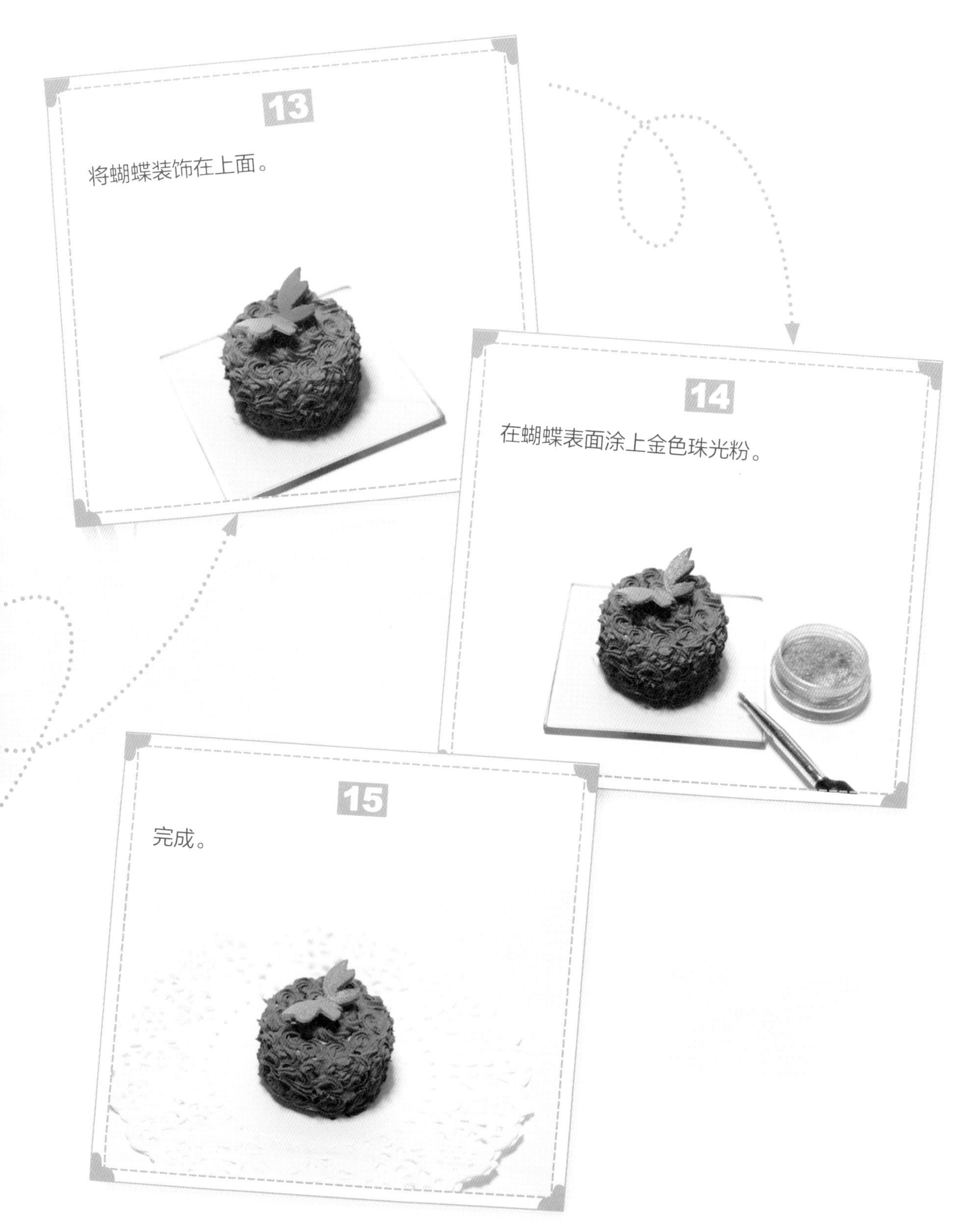

13

将蝴蝶装饰在上面。

14

在蝴蝶表面涂上金色珠光粉。

15

完成。

Love

黑色酷炫派

食玩蛋糕系列

准备工具：

压模
刀片
丙烯颜料
液态酱汁
珠光粉
奶油胶

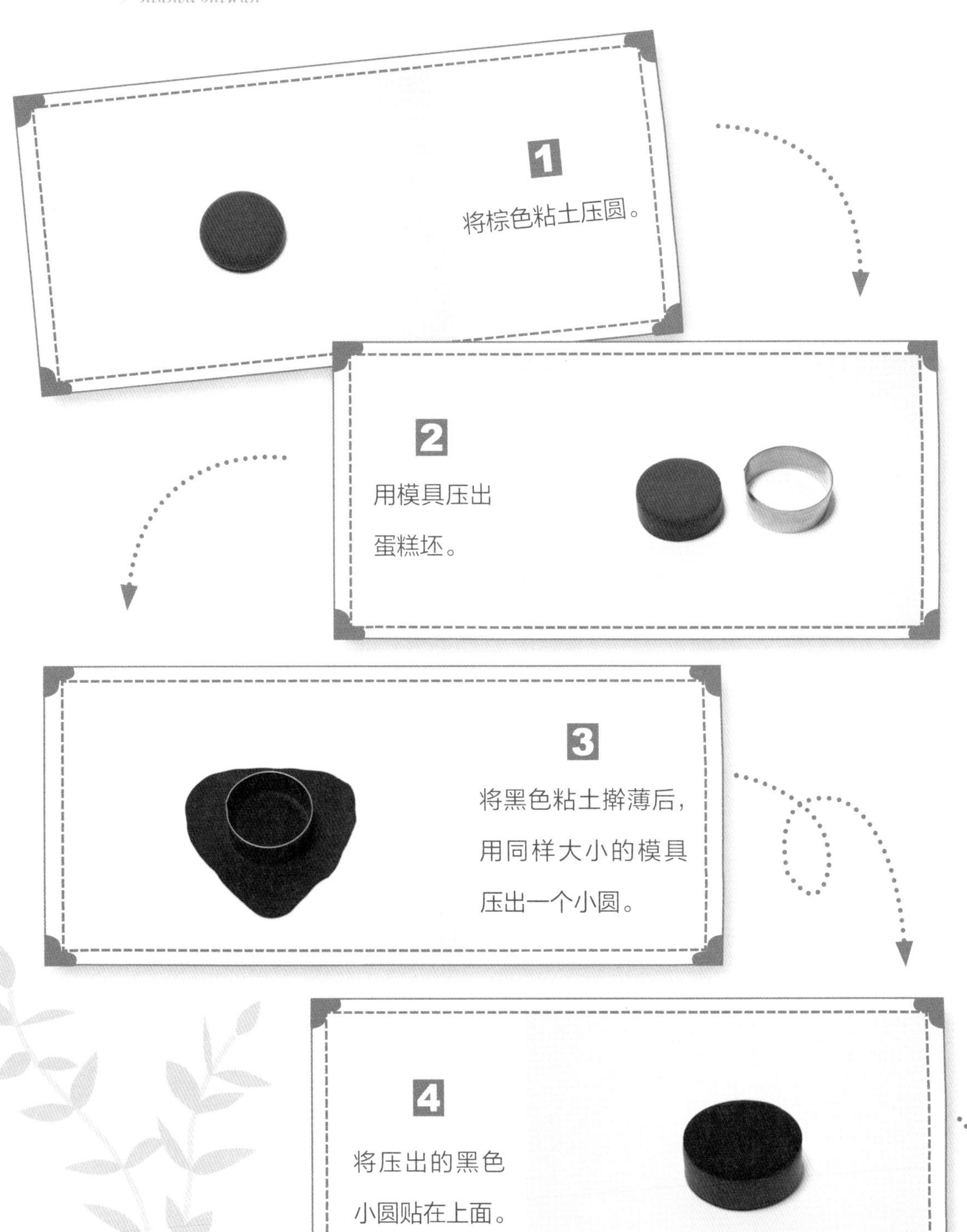

1
将棕色粘土压圆。

2
用模具压出
蛋糕坯。

3
将黑色粘土擀薄后，
用同样大小的模具
压出一个小圆。

4
将压出的黑色
小圆贴在上面。

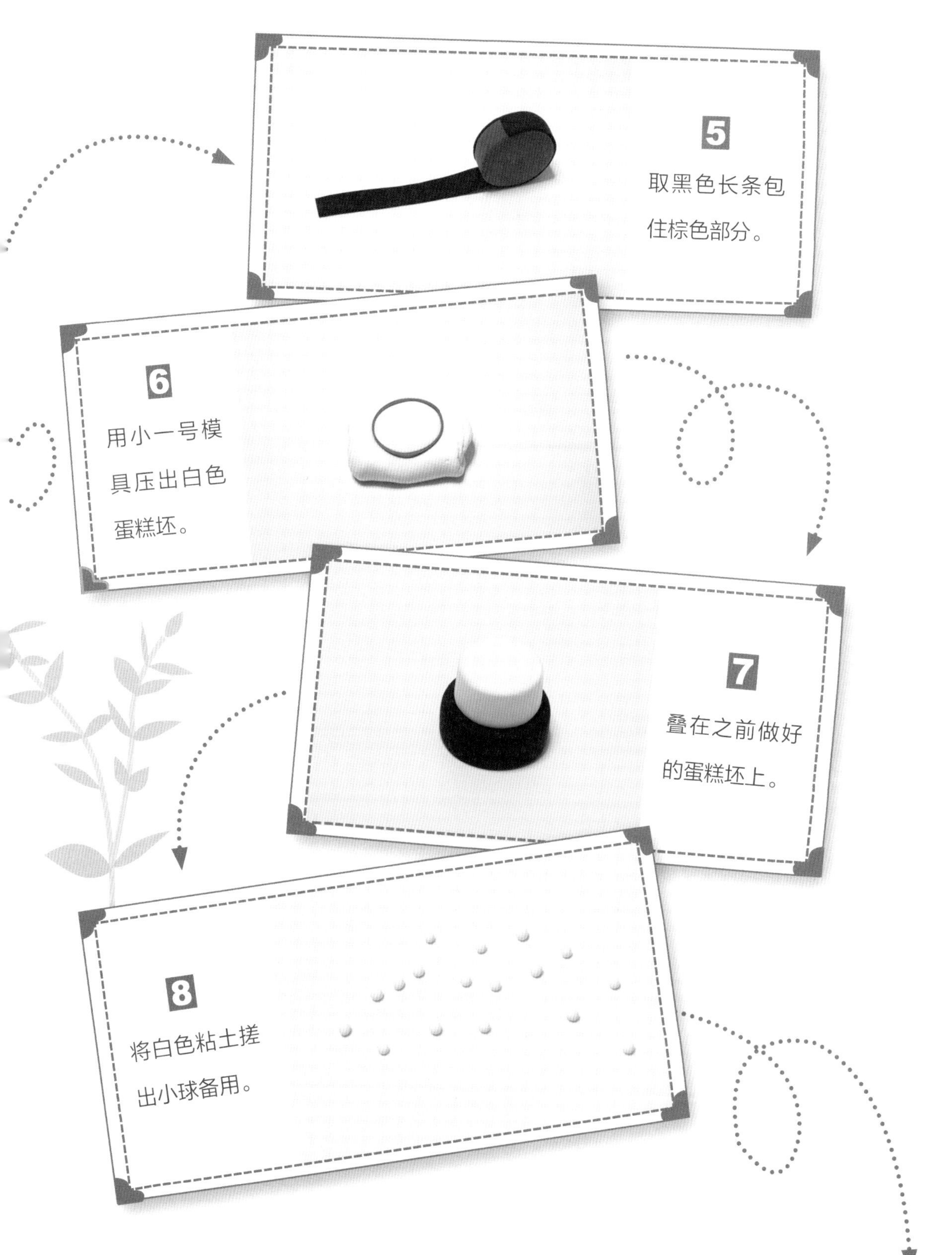
5
取黑色长条包
住棕色部分。
6
用小一号模
具压出白色
蛋糕坯。
7
叠在之前做好
的蛋糕坯上。
8
将白色粘土搓
出小球备用。

9
给这些小球涂上金色珠光粉。
10
沿黑色底边黏合，形成一串的感觉。
11
液态酱汁加黑、棕丙烯颜料。
12
完成酱汁制作。

13

淋在白色蛋糕上。

14

黑色粘土切出各种不规则形状。

15

上面涂金色珠光粉，完成巧克力片。

16

挤上一小部分奶油胶。

17

在奶油上放入准备好的巧克力片。

18

装饰棉花糖。

19
装饰蛋糕牌。
20
完成。

纯白无瑕派

食玩蛋糕系列

准备工具：

模具

牙签

细节针

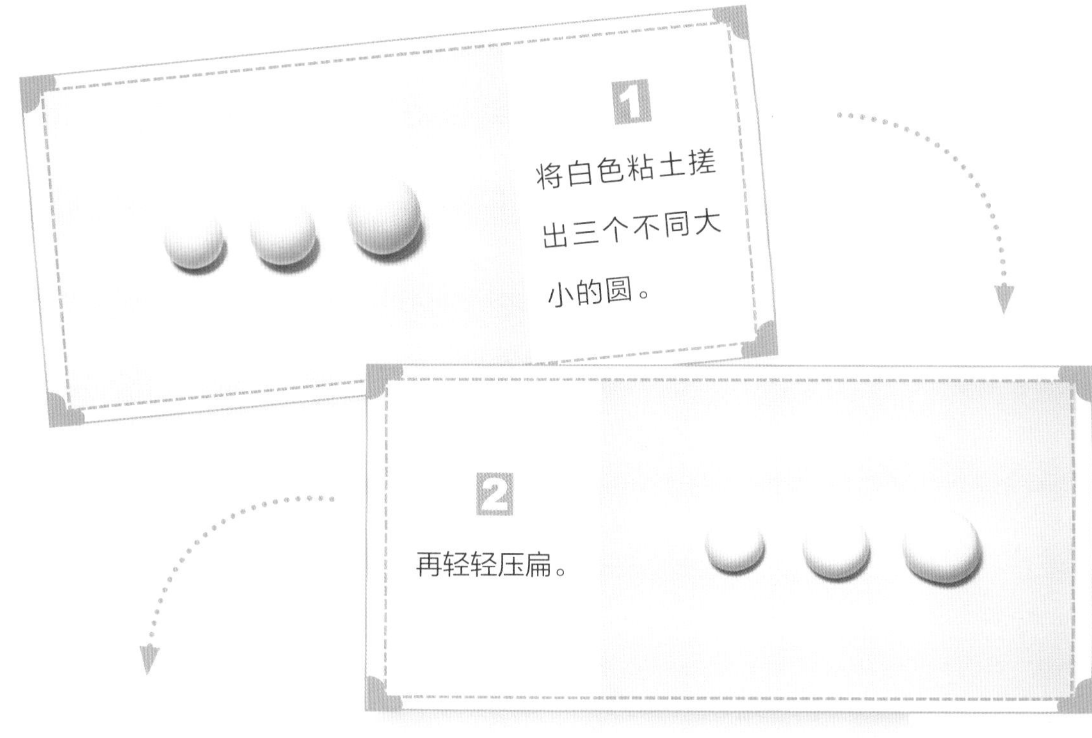

1

将白色粘土搓出三个不同大小的圆。

2

再轻轻压扁。

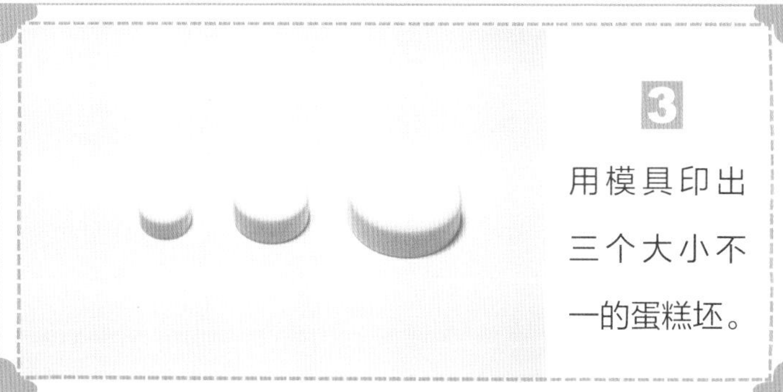

3

用模具印出三个大小不一的蛋糕坯。

4

按从大到小的顺序自下而上重叠在一起。

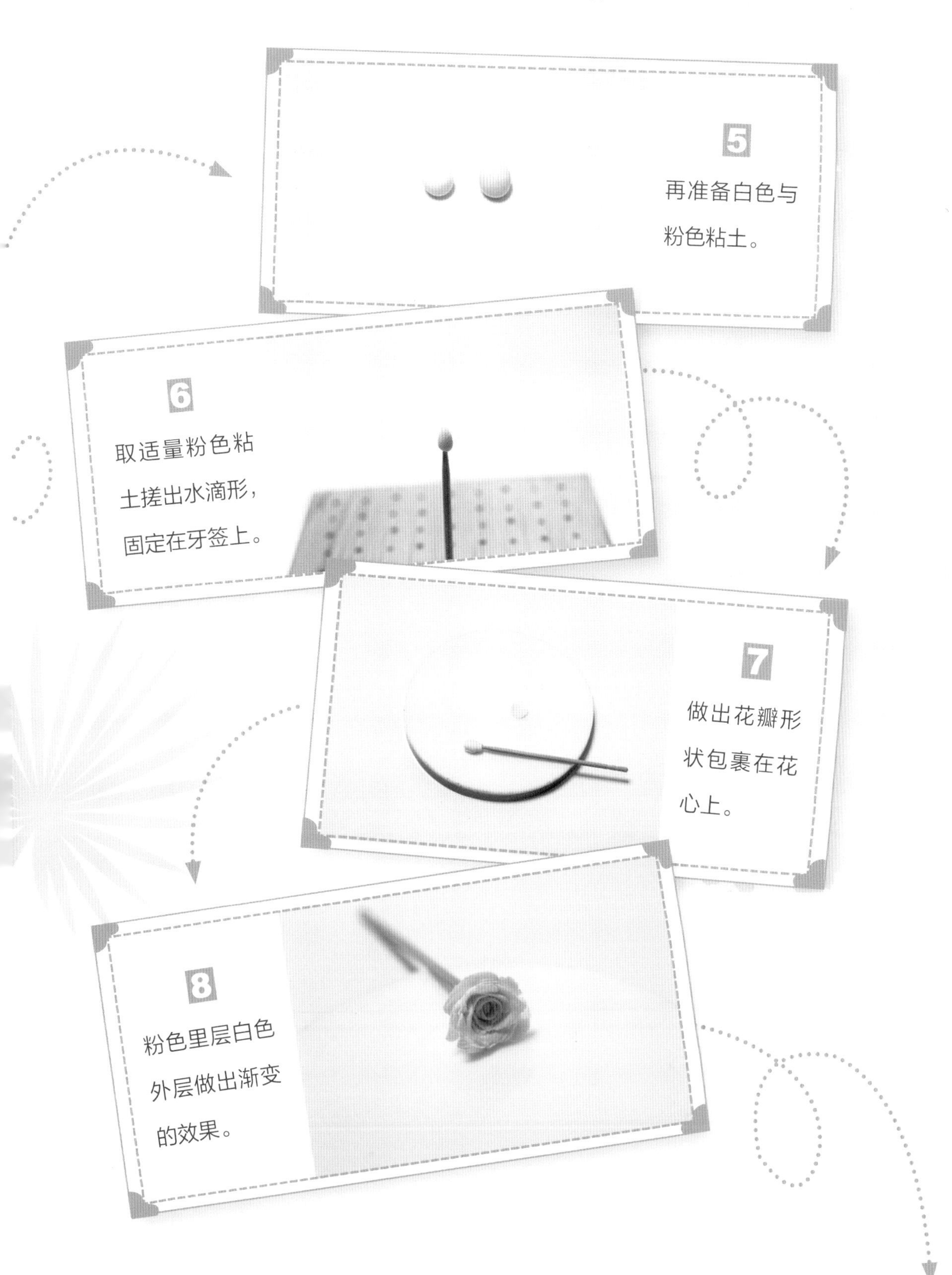

5

再准备白色与粉色粘土。

6

取适量粉色粘土搓出水滴形，固定在牙签上。

7

做出花瓣形状包裹在花心上。

8

粉色里层白色外层做出渐变的效果。

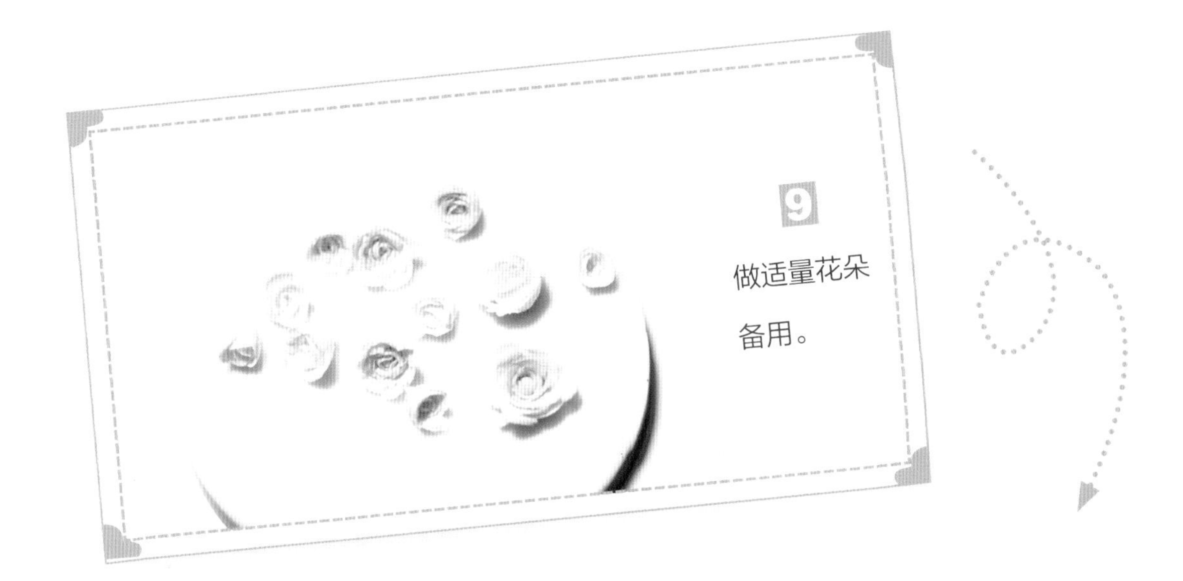

9

做适量花朵备用。

10

取浅绿色粘土搓出水滴形。

11

压扁后，用细节针压出叶子纹路。

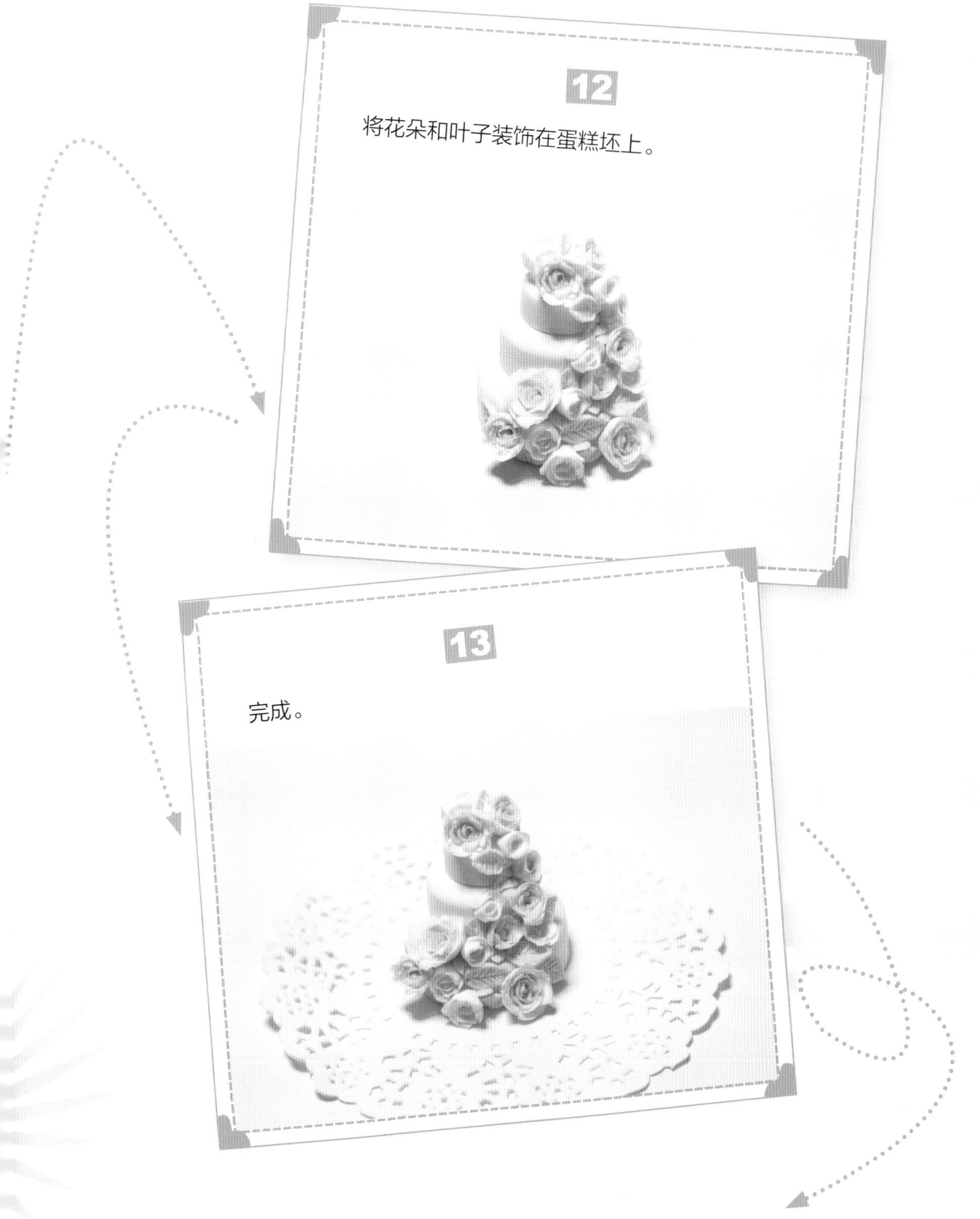

12

将花朵和叶子装饰在蛋糕坯上。

13

完成。

热情似火派

食玩蛋糕系列

准备工具：

模具

滴胶

细节针

笔刀

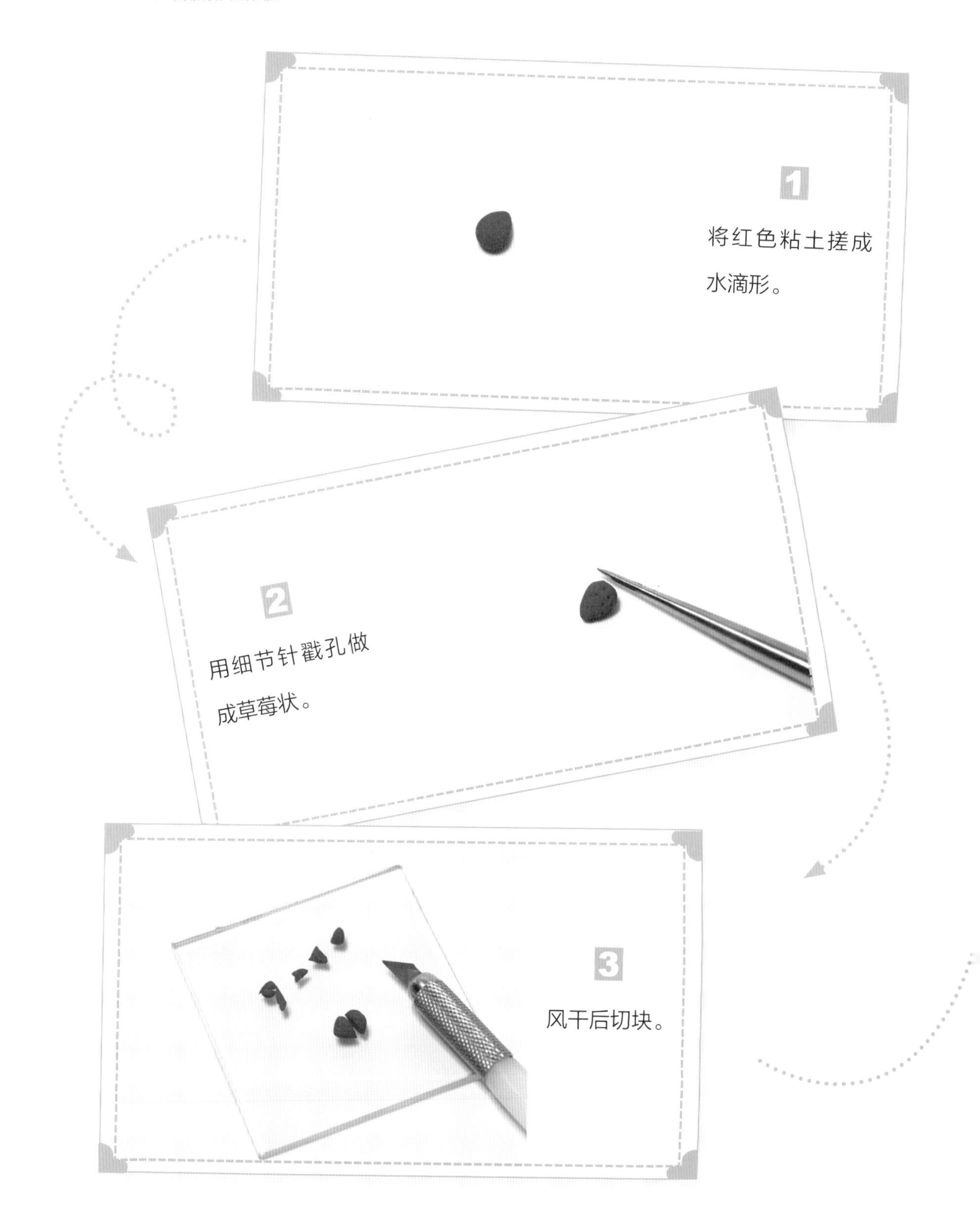

1

将红色粘土搓成水滴形。

2

用细节针戳孔做成草莓状。

3

风干后切块。

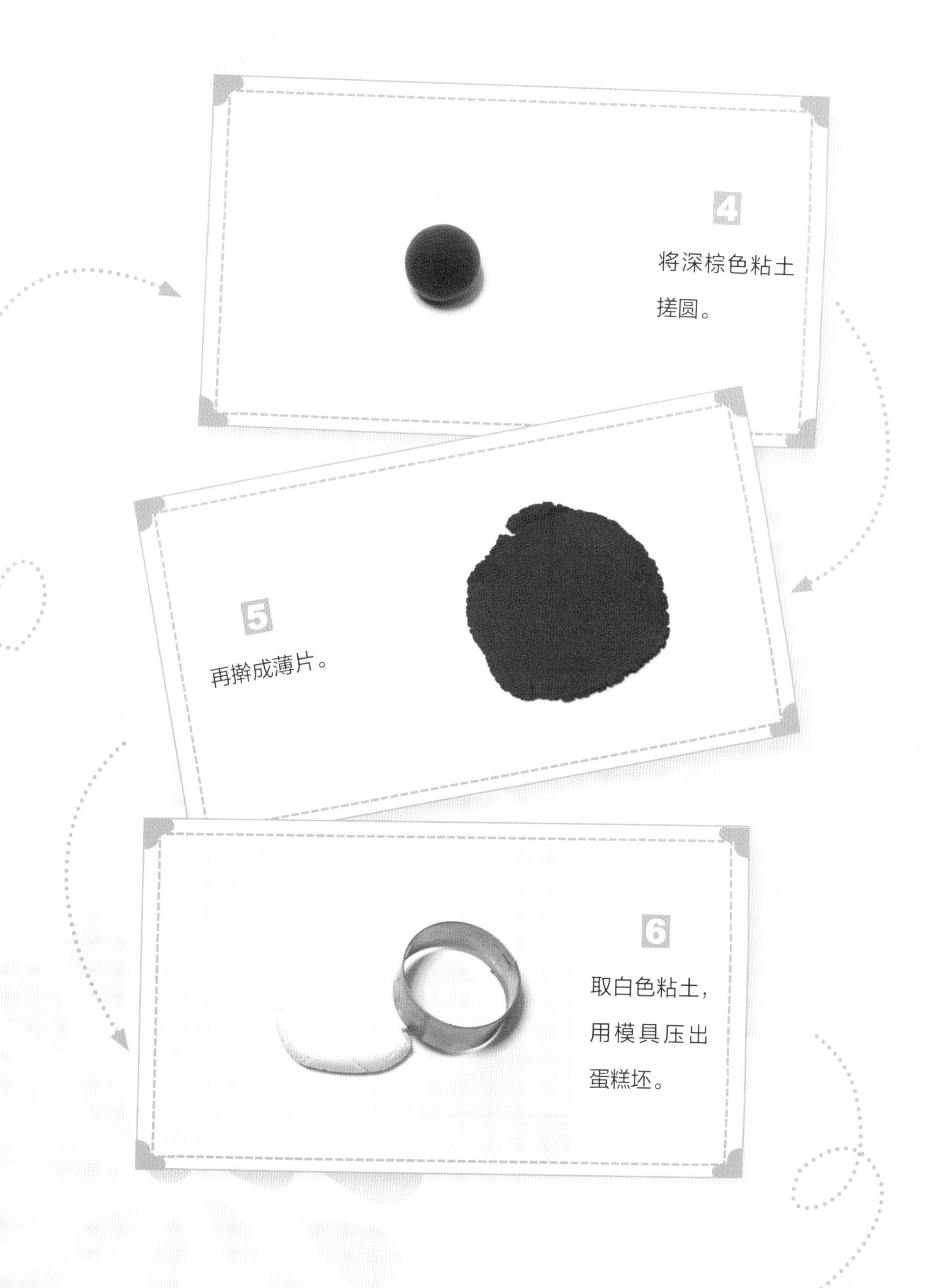

4

将深棕色粘土搓圆。

5

再擀成薄片。

6

取白色粘土，用模具压出蛋糕坯。

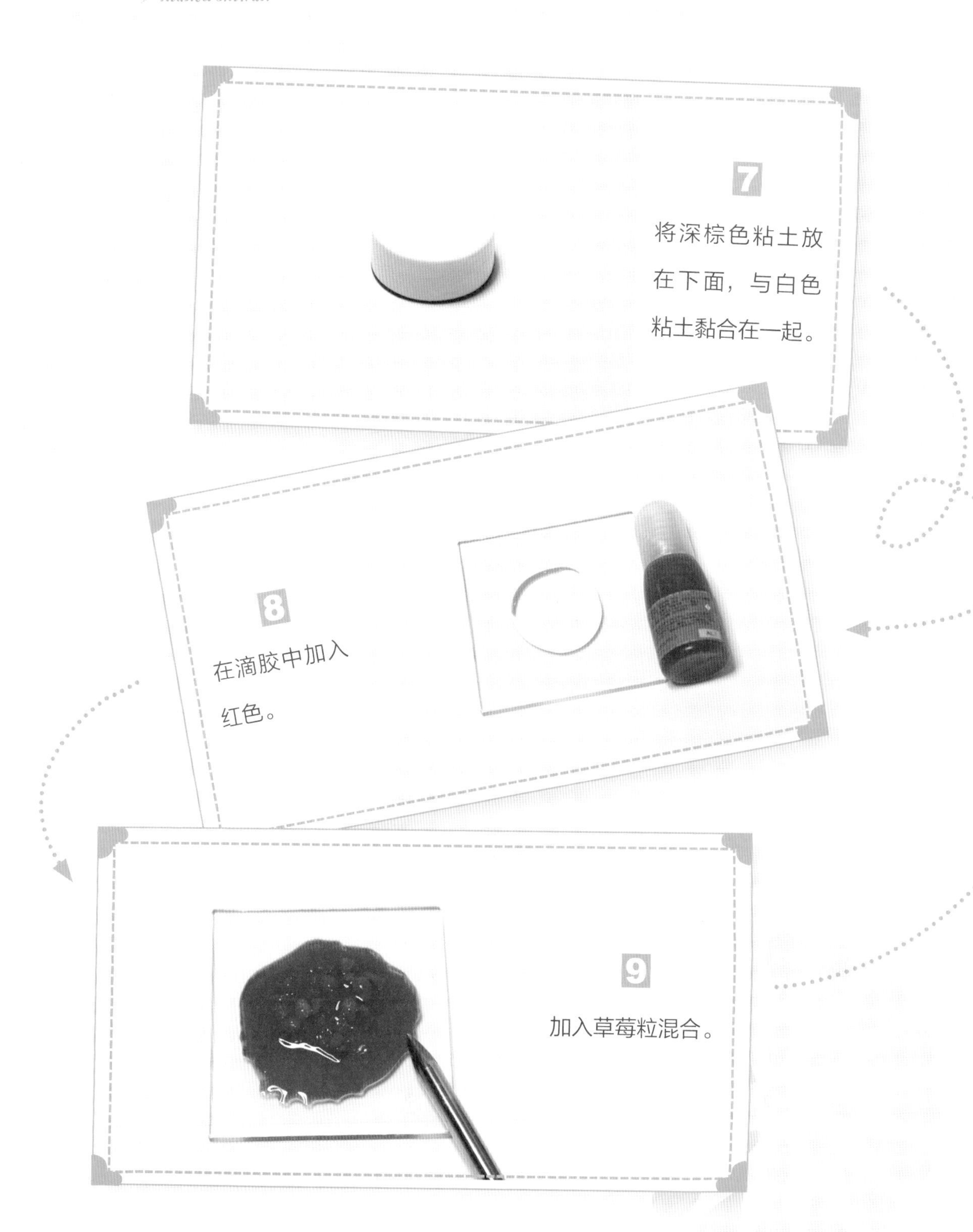

7

将深棕色粘土放在下面，与白色粘土黏合在一起。

8

在滴胶中加入红色。

9

加入草莓粒混合。

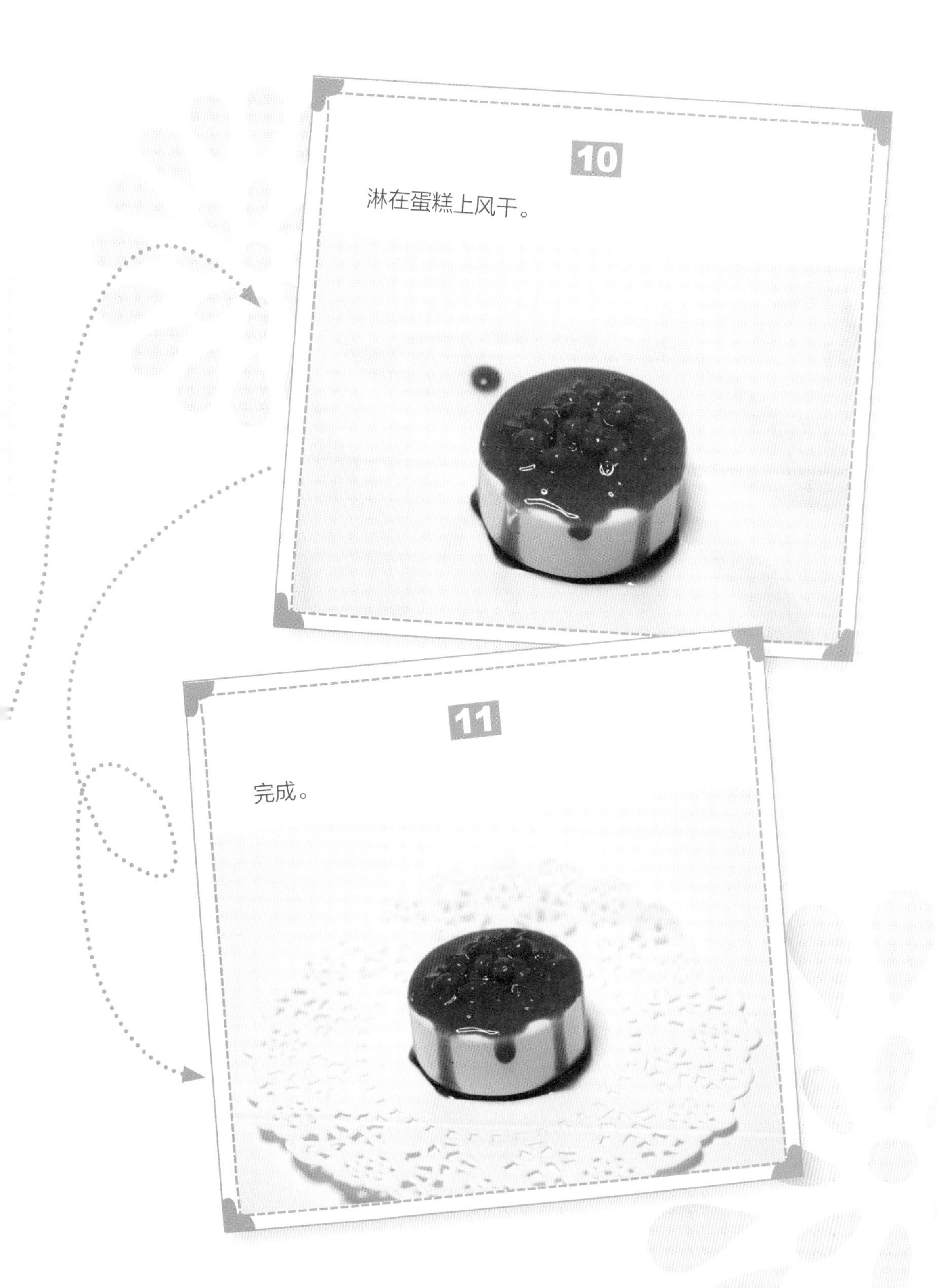

10

淋在蛋糕上风干。

11

完成。

甜蜜的青春
丰盛如鲜花的甜品
陷入一处神秘海洋
朦胧又苦涩的回忆

食玩甜品系列

神秘海洋杯

食玩甜品系列

准备工具：

滴胶
色精
牙签
丙烯颜料
奶油胶

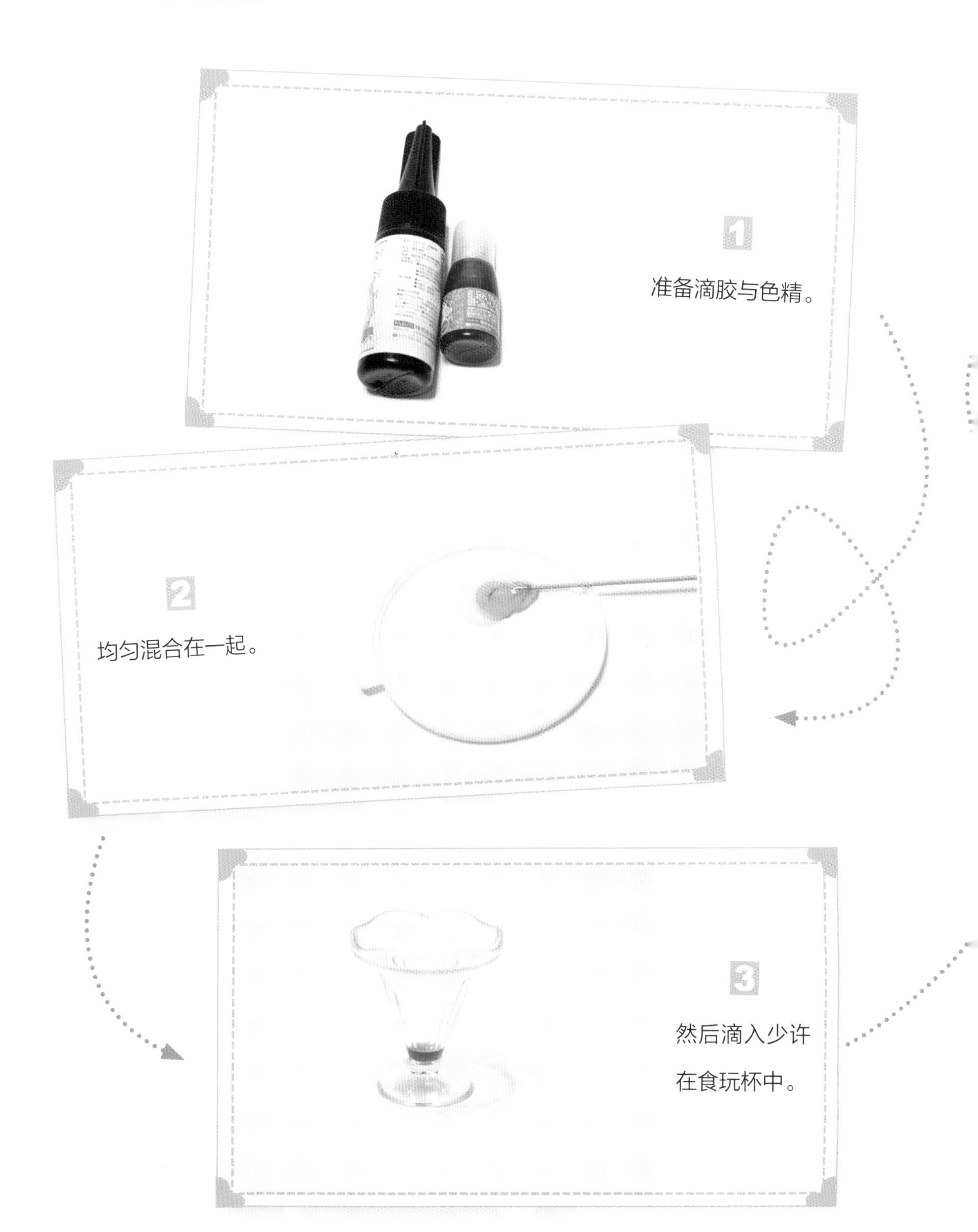
1
准备滴胶与色精。
2
均匀混合在一起。
3
然后滴入少许
在食玩杯中。

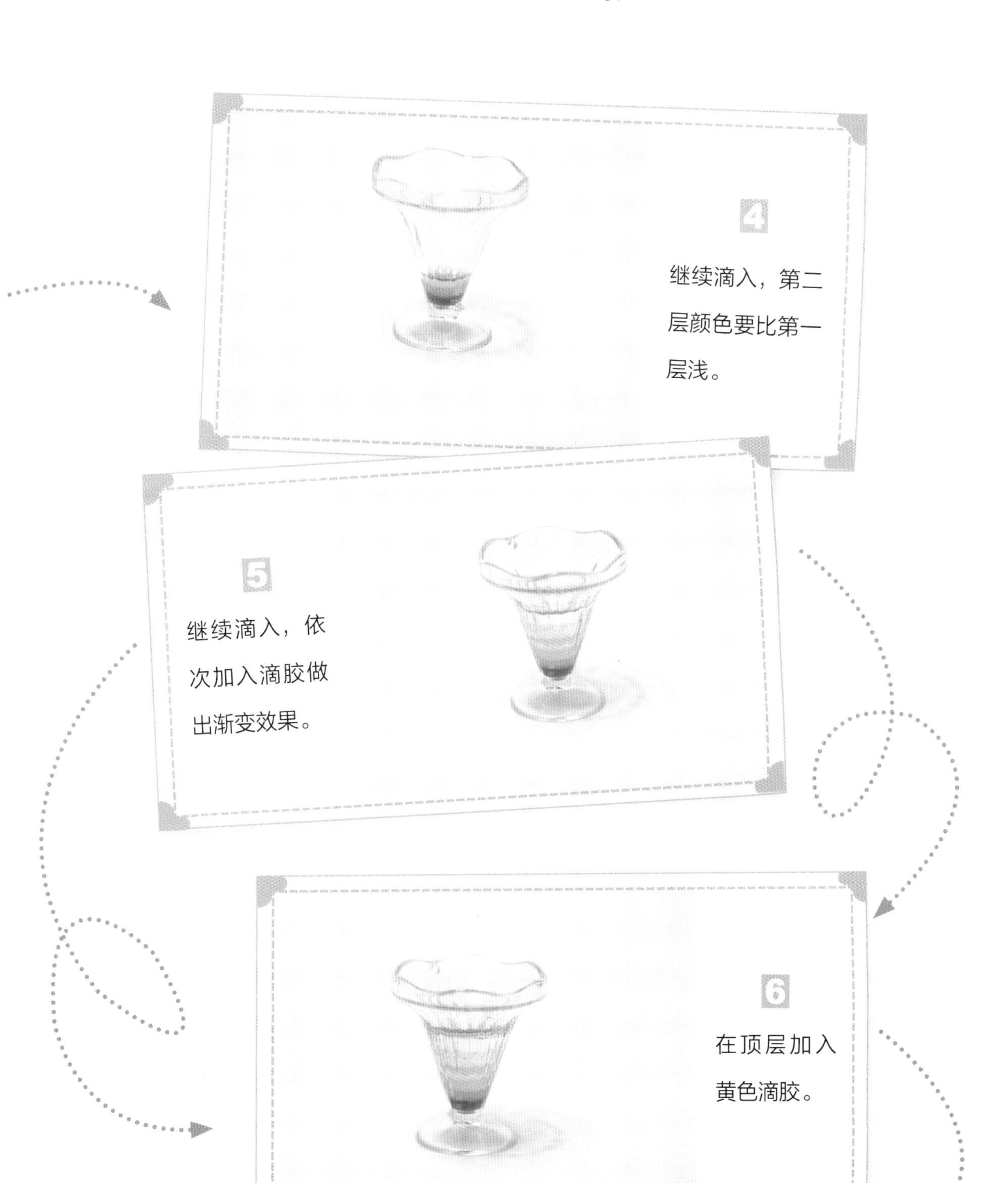
4
继续滴入，第二层颜色要比第一层浅。
5
继续滴入，依次加入滴胶做出渐变效果。
6
在顶层加入黄色滴胶。

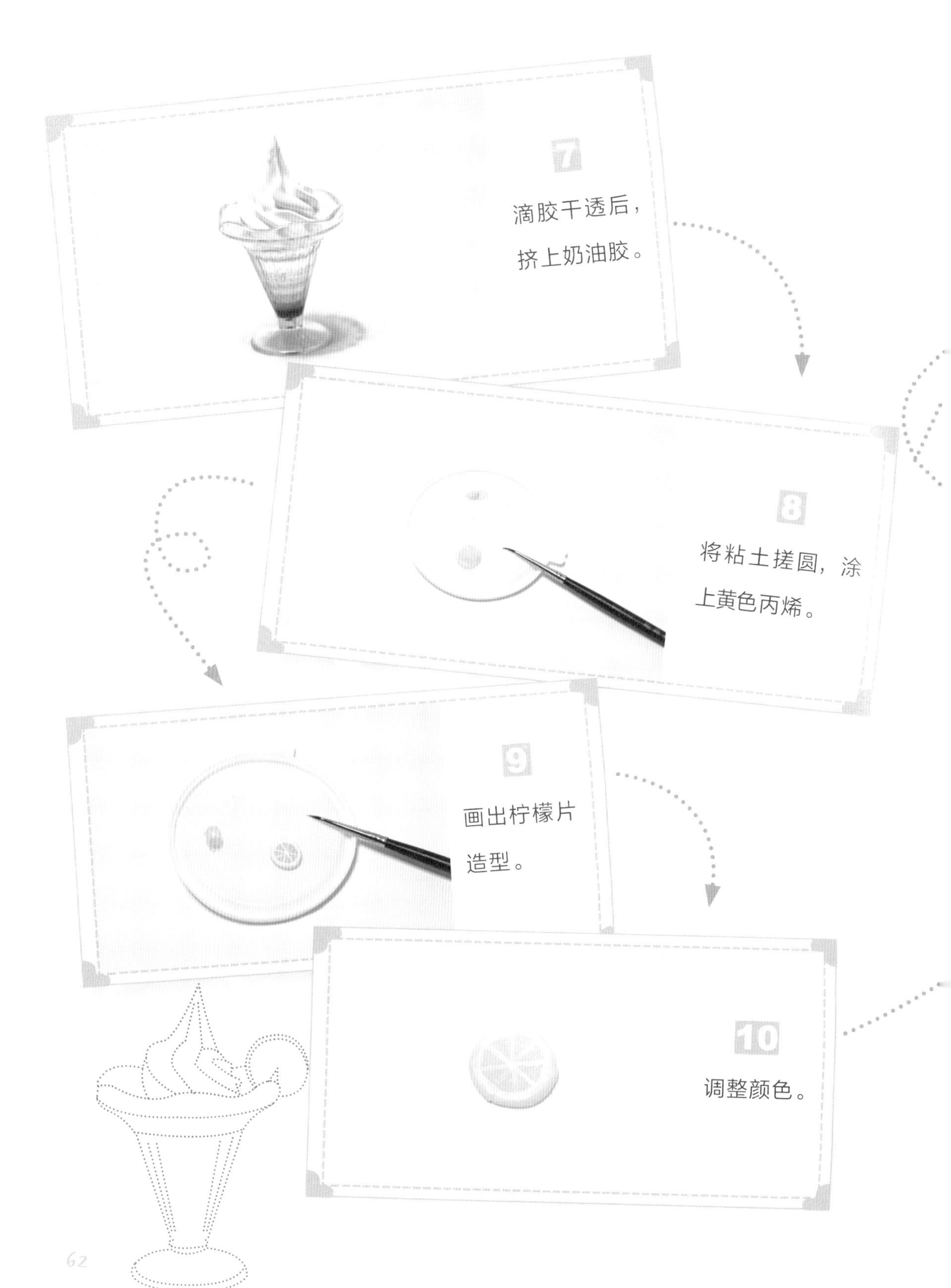
7
滴胶干透后，
挤上奶油胶。
8
将粘土搓圆，涂
上黄色丙烯。
9
画出柠檬片
造型。
10
调整颜色。

11
切开一角。
12
将柠檬片放在杯子边缘。完成。

丰盛

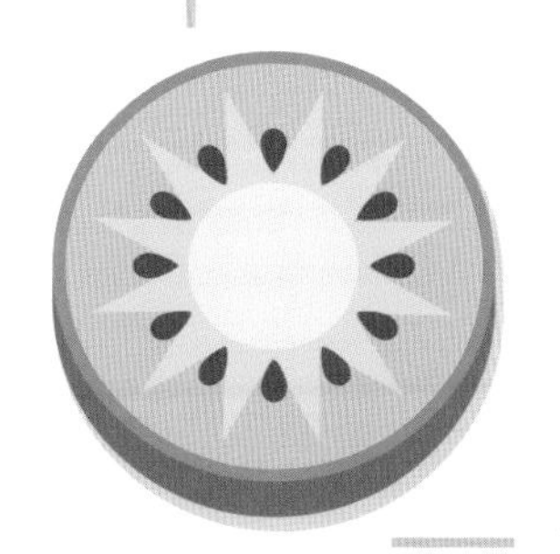

水果杯

食玩甜品系列

准备工具：

丸棒
镊子
牙签
色粉
丙烯
滴胶
海绵

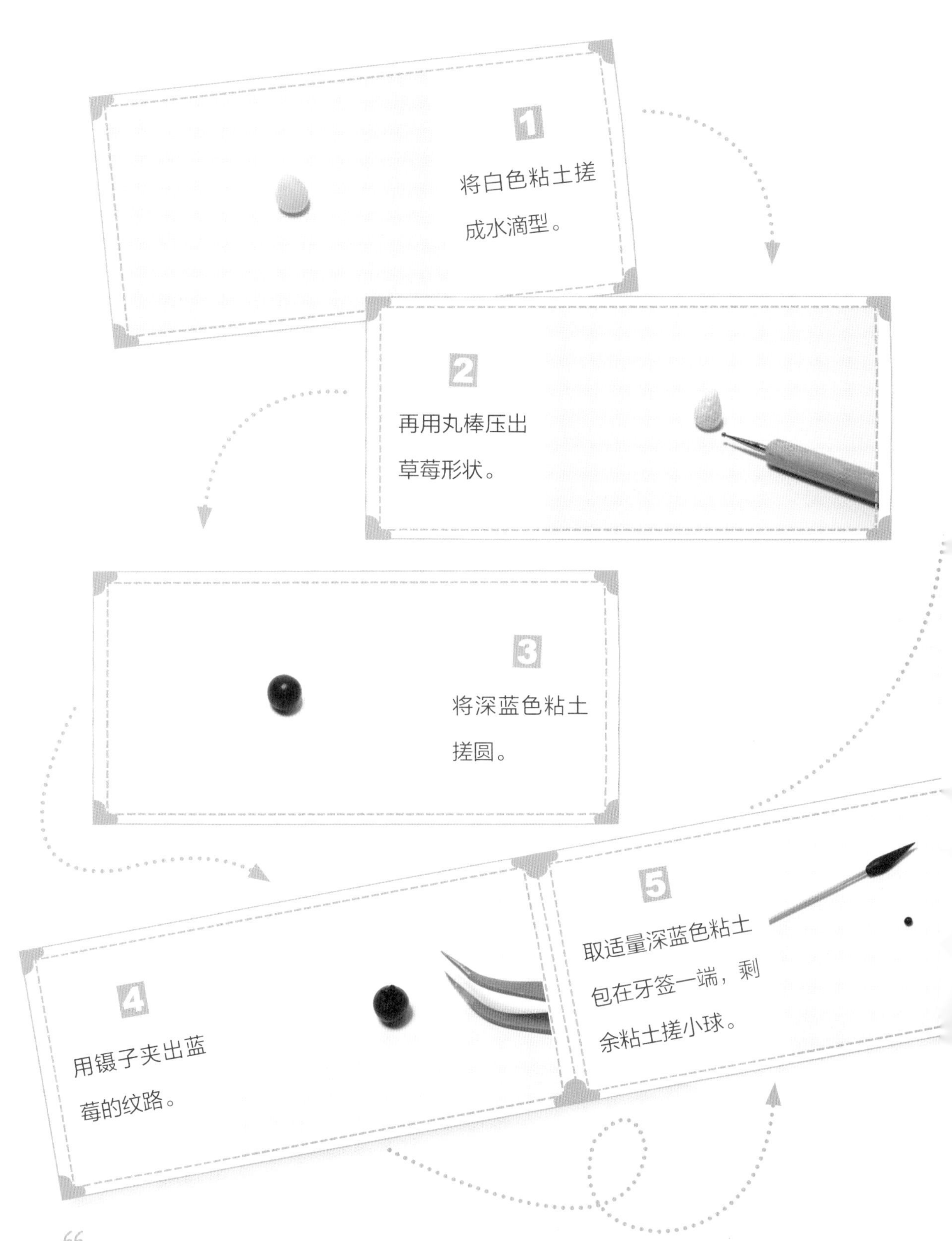
1
将白色粘土搓
成水滴型。
2
再用丸棒压出
草莓形状。
3
将深蓝色粘土
搓圆。
4
用镊子夹出蓝
莓的纹路。
5
取适量深蓝色粘土
包在牙签一端，剩
余粘土搓小球。

6
将全部小球黏
合在一起，做
成桑葚。
7
将白色粘土
搓条。
8
再上色粉，完
成香蕉。
9
将黄色粘土搓
圆压扁。

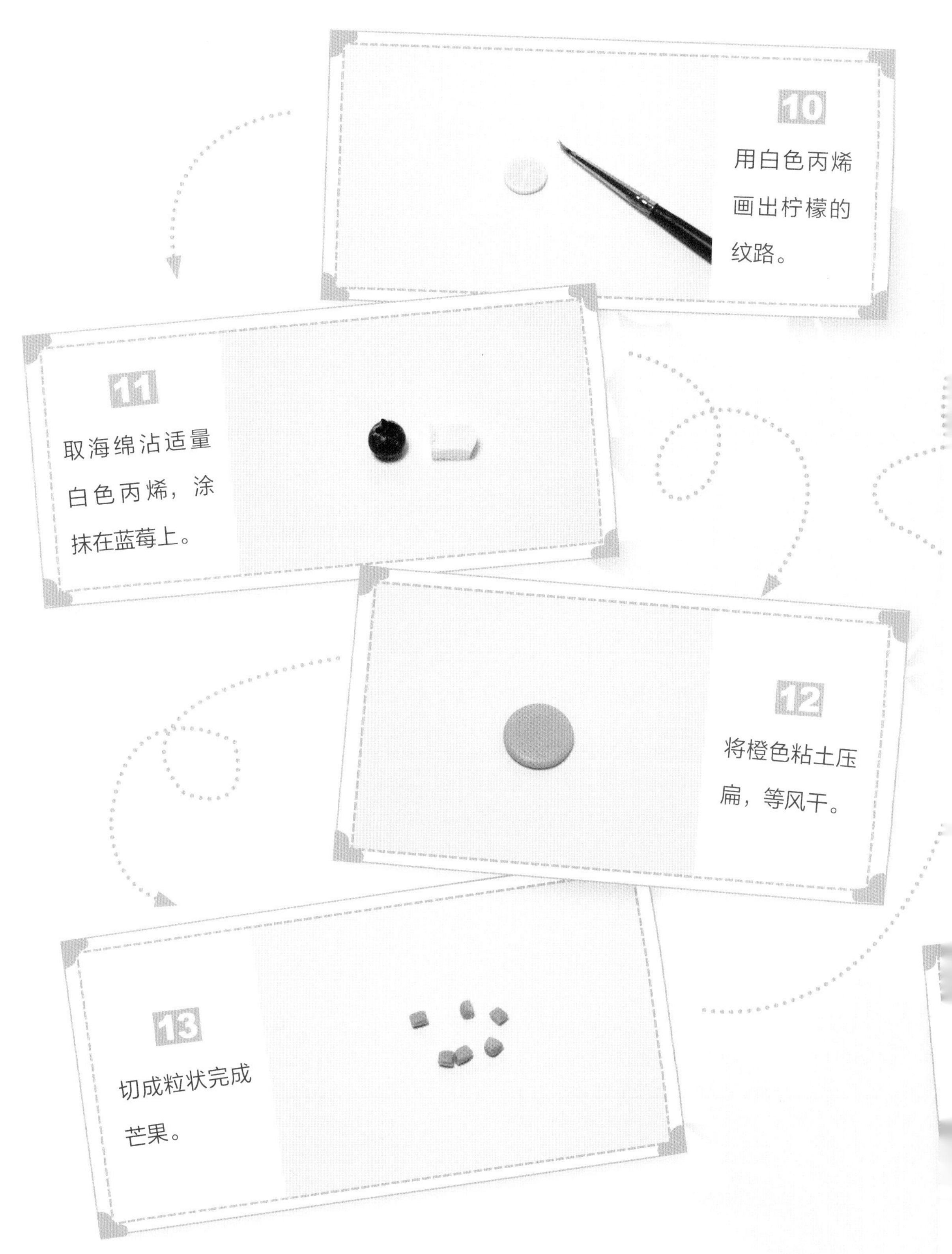
10
用白色丙烯
画出柠檬的
纹路。
11
取海绵沾适量
白色丙烯，涂
抹在蓝莓上。
12
将橙色粘土压
扁，等风干。
13
切成粒状完成
芒果。

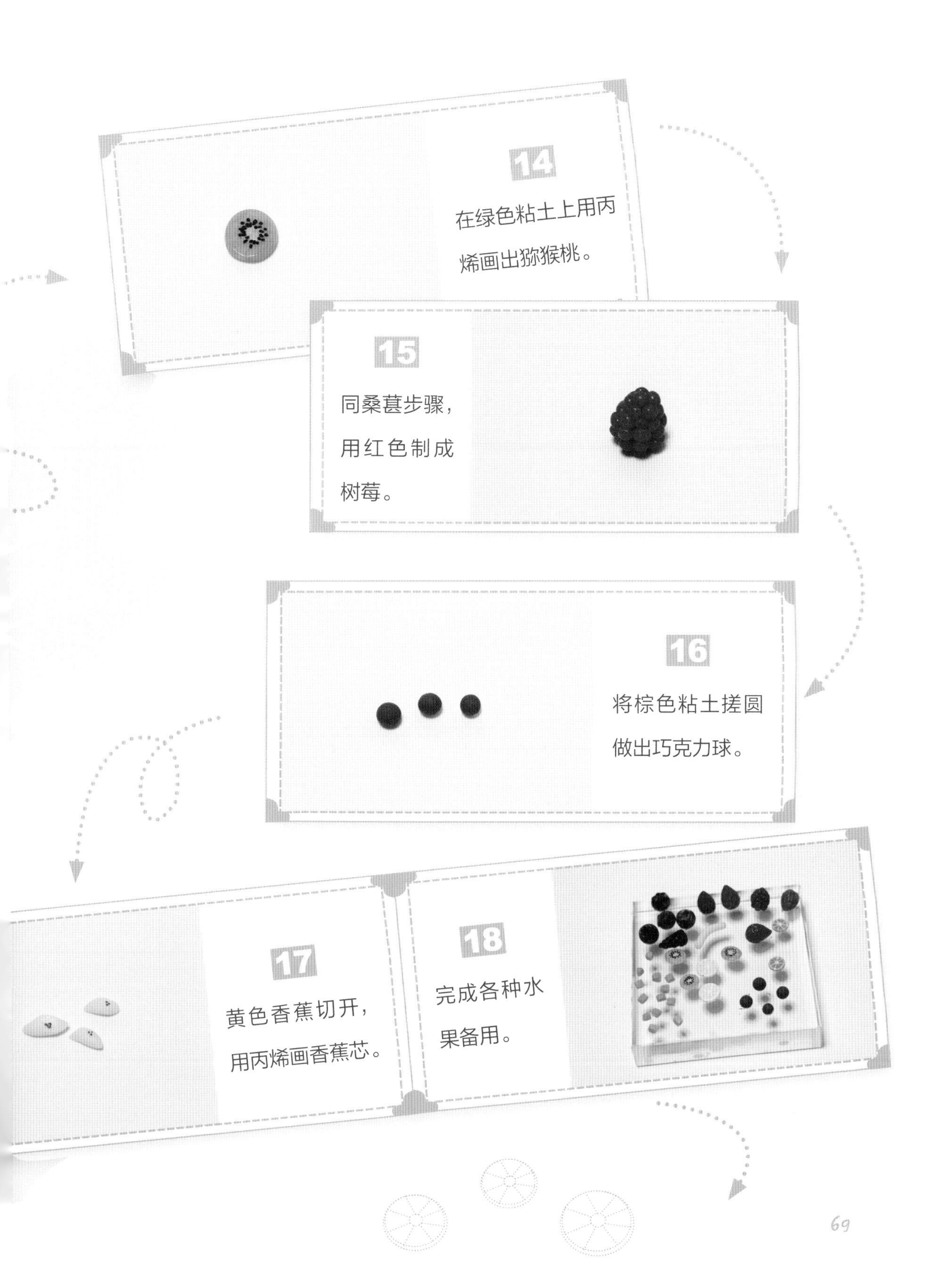

14

在绿色粘土上用丙烯画出猕猴桃。

15

同桑葚步骤，用红色制成树莓。

16

将棕色粘土搓圆做出巧克力球。

17

黄色香蕉切开，用丙烯画香蕉芯。

18

完成各种水果备用。

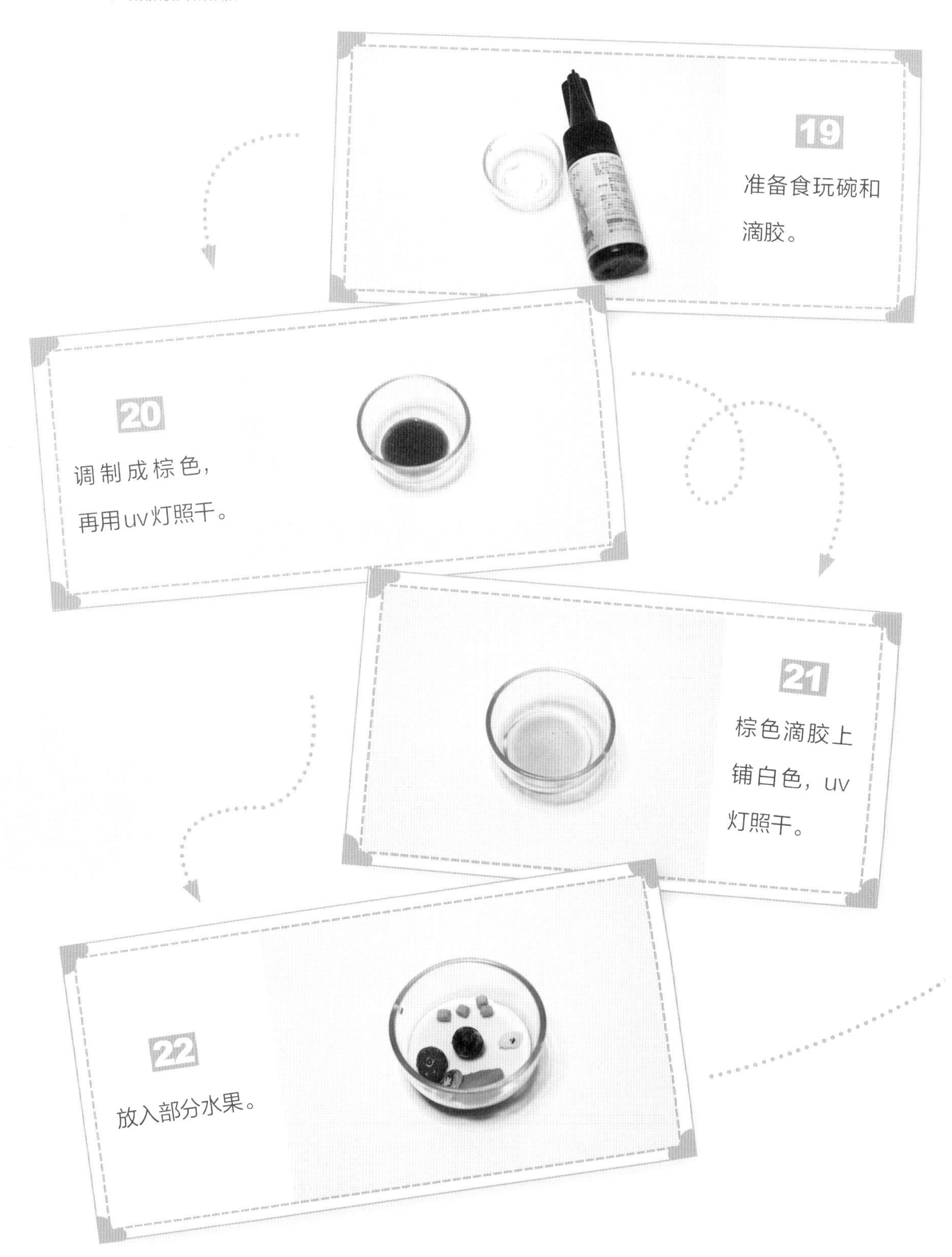
19
准备食玩碗和
滴胶。
20
调制成棕色，
再用uv灯照干。
21
棕色滴胶上
铺白色，uv
灯照干。
22
放入部分水果。

23

加入透明滴胶，风干。

24

第二次铺入水果，加入滴胶，风干。

25

再次铺入水果加入滴胶，风干。完成。

清香鲜花杯

食玩甜品系列

准备工具：

牙签

滴胶

干花

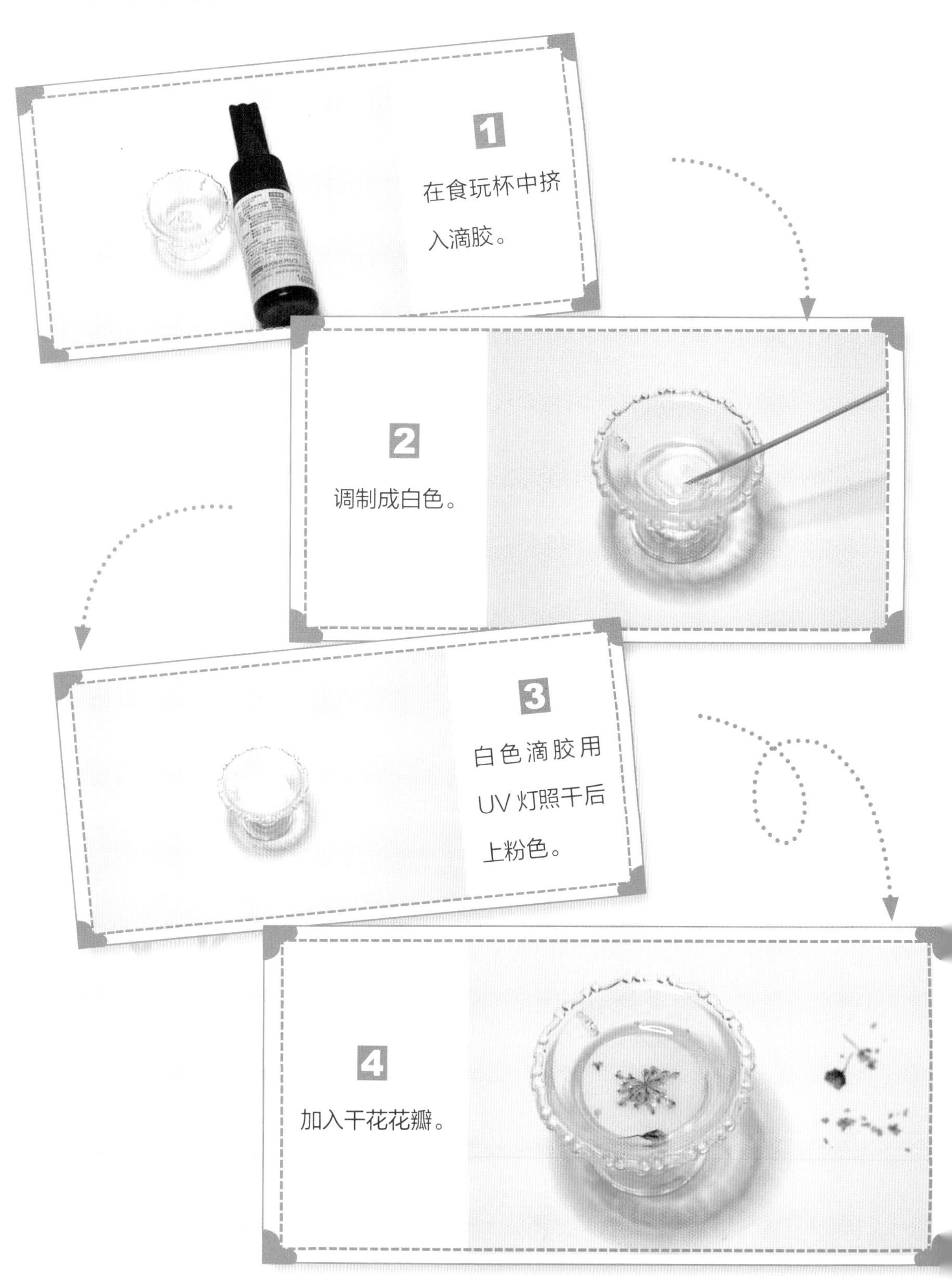
1
在食玩杯中挤
入滴胶。
2
调制成白色。
3
白色滴胶用
UV灯照干后
上粉色。
4
加入干花花瓣。

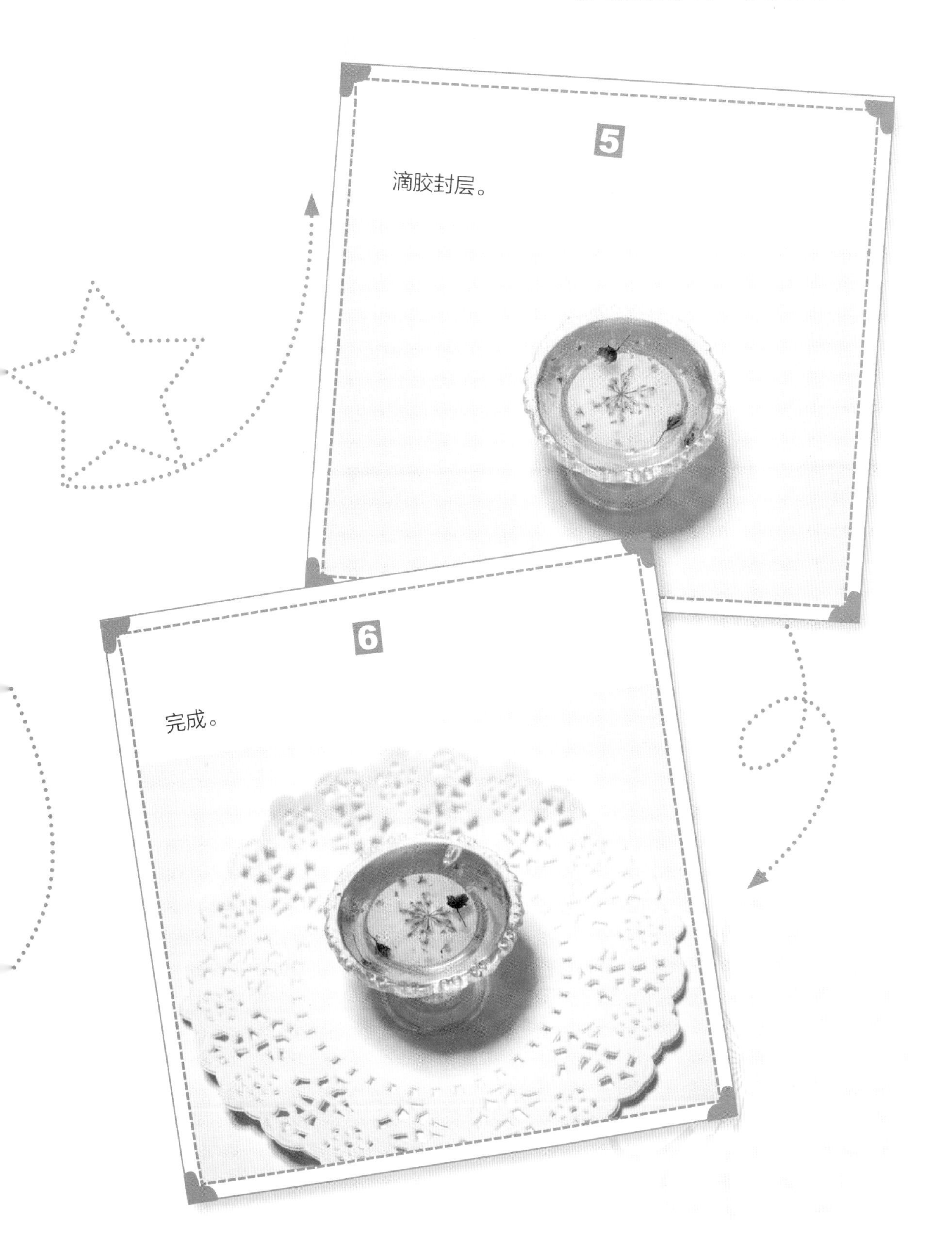
5
滴胶封层。
6
完成。

甜蜜

来一杯

食玩甜品系列

准备工具：

果酱

色粉

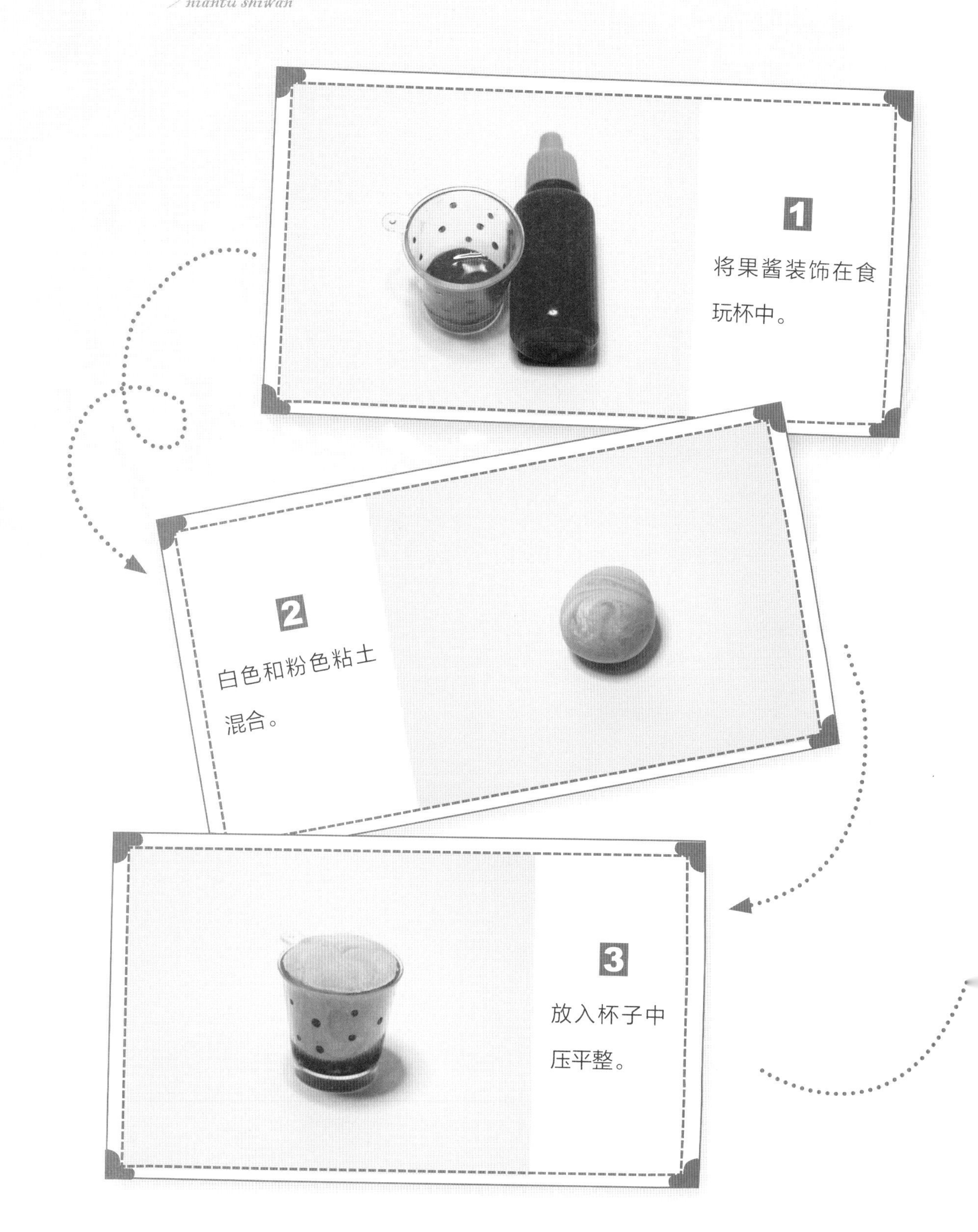

1

将果酱装饰在食玩杯中。

2

白色和粉色粘土混合。

3

放入杯子中压平整。

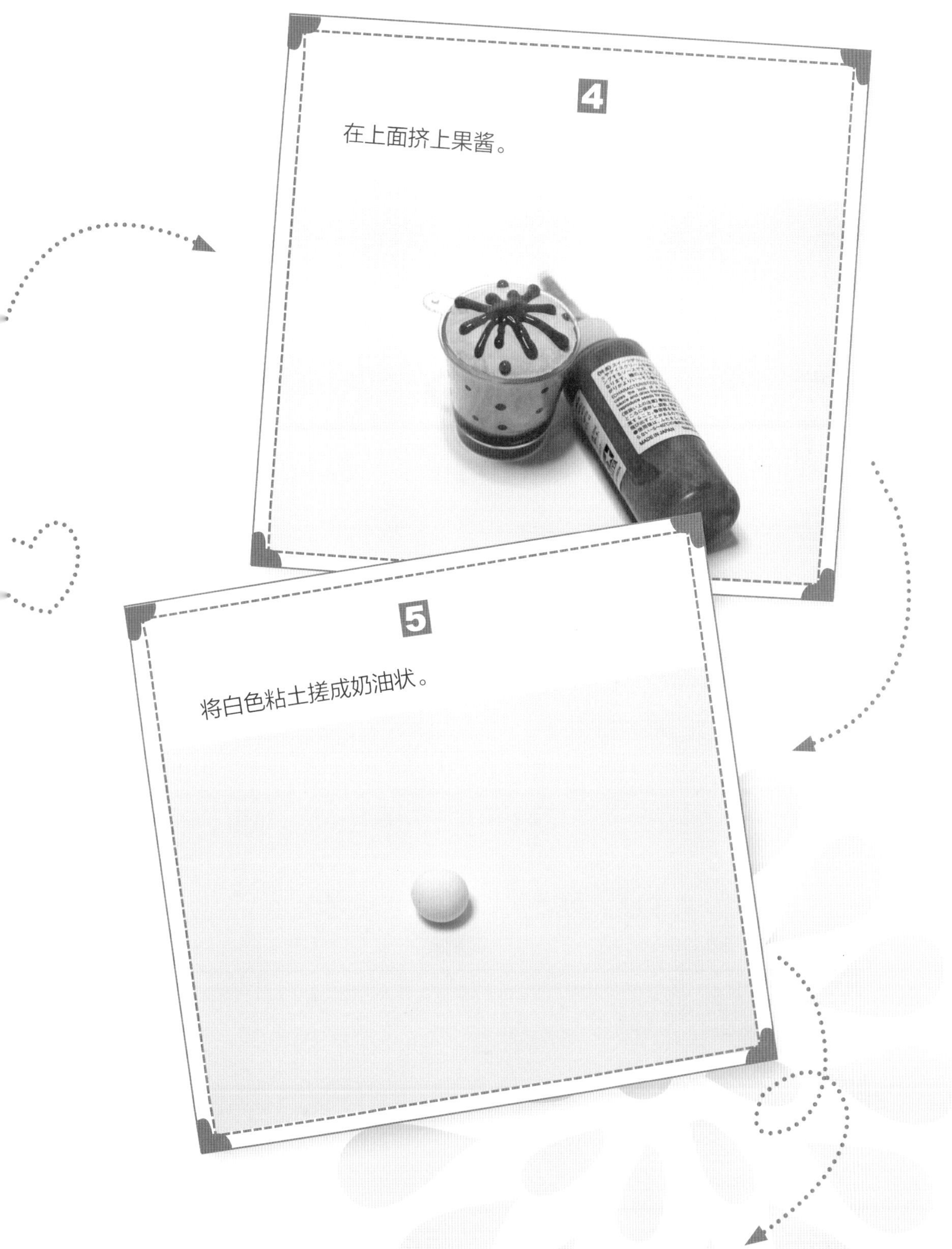

4

在上面挤上果酱。

5

将白色粘土搓成奶油状。

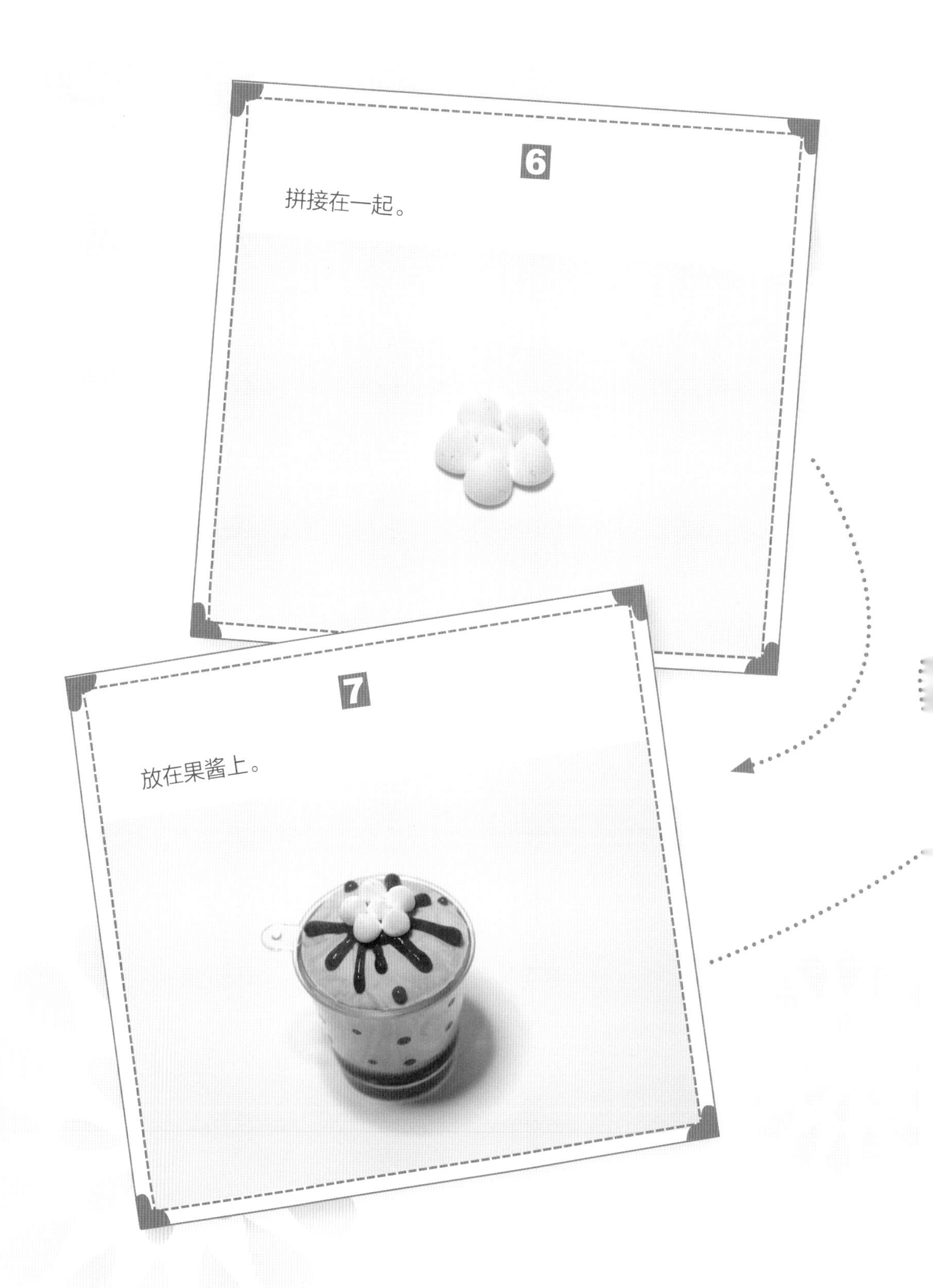
6
拼接在一起。
7
放在果酱上。

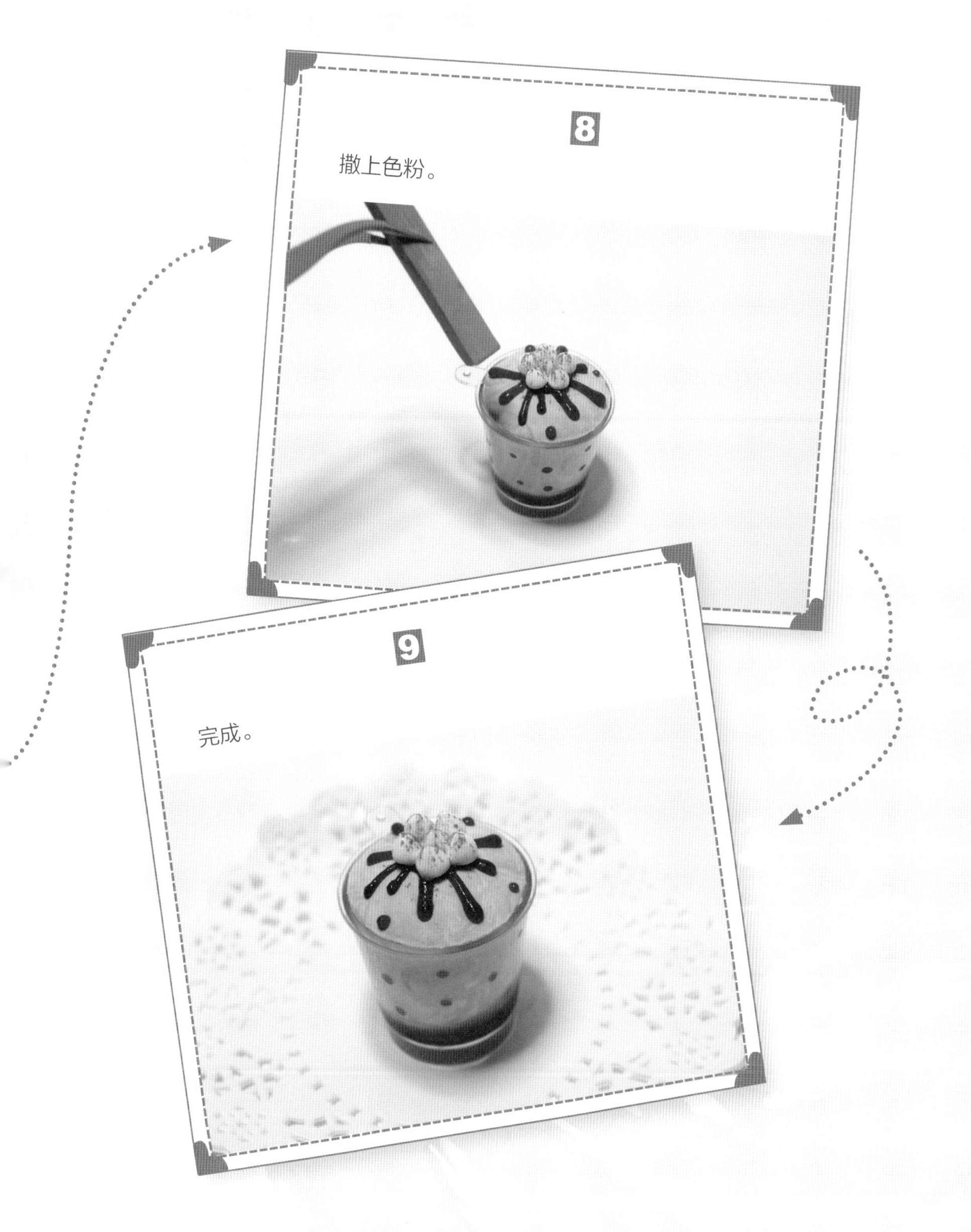
8
撒上色粉。
9
完成。

青春苦涩杯

食玩甜品系列

准备工具：

笔刀 细节针

刷子 UV灯

丙烯 UV滴胶

镊子 压板

剪刀 色精

气泡珠

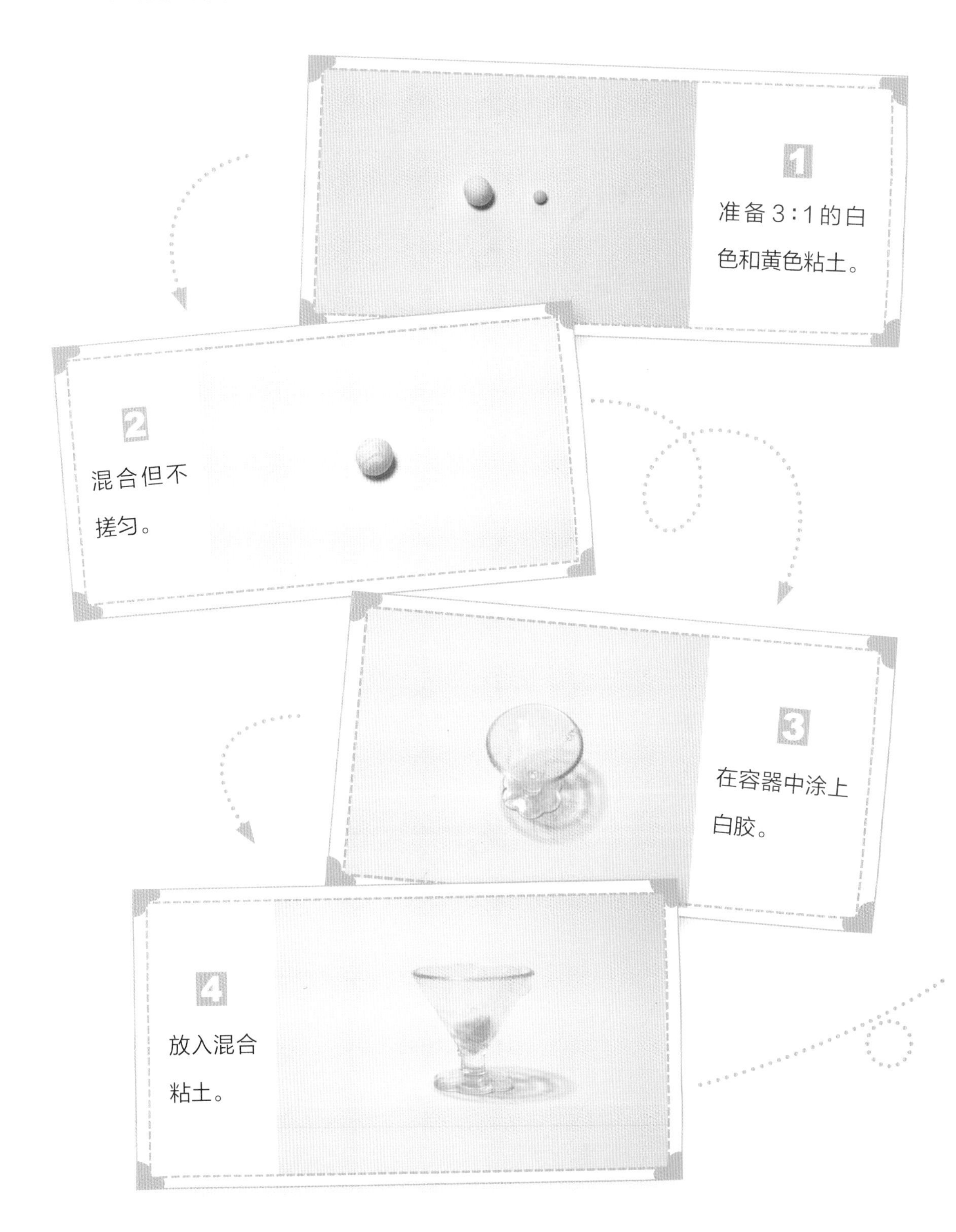
1
准备3:1的白色和黄色粘土。
2
混合但不搓匀。
3
在容器中涂上白胶。
4
放入混合粘土。

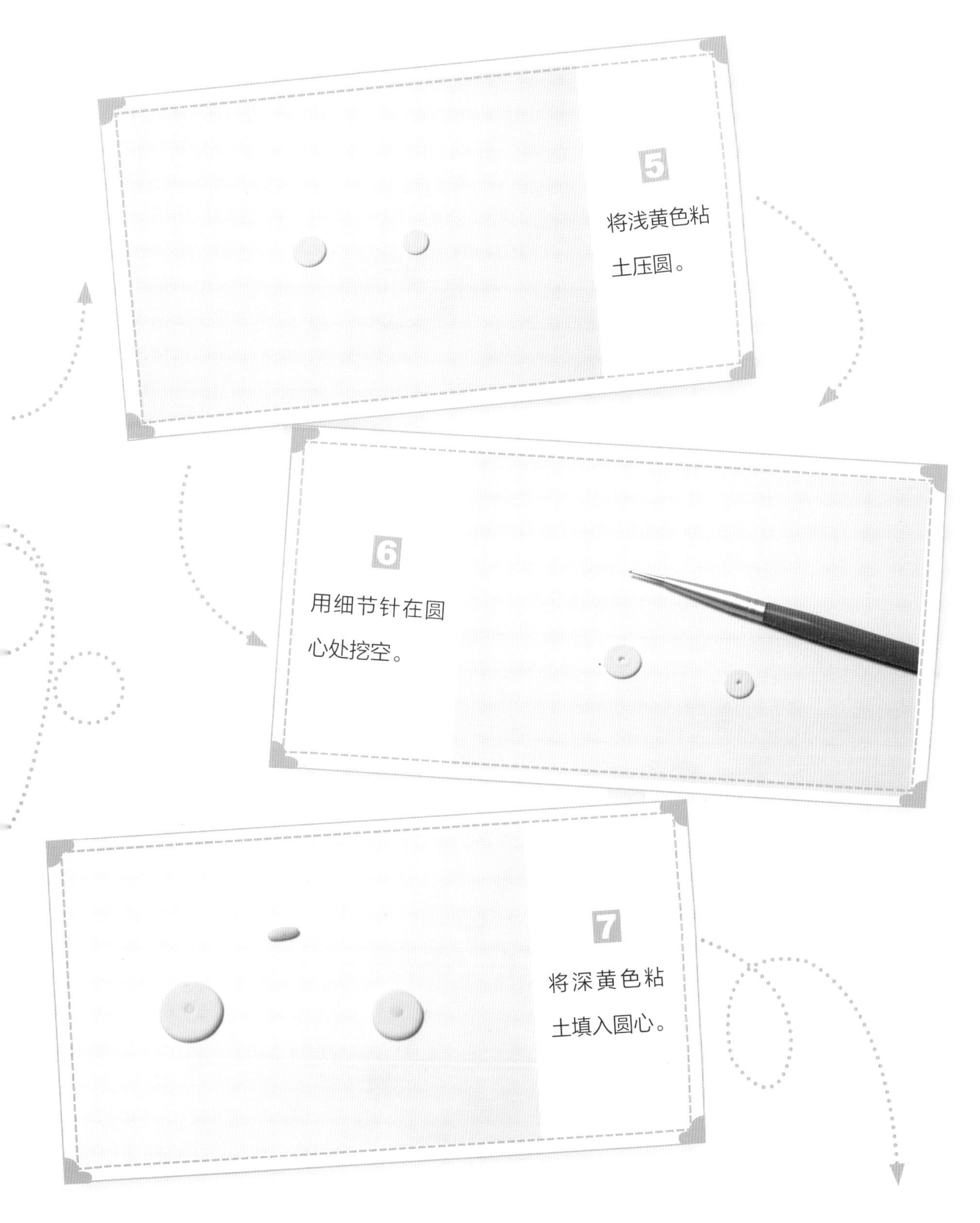
5
将浅黄色粘
土压圆。
6
用细节针在圆
心处挖空。
7
将深黄色粘
土填入圆心。

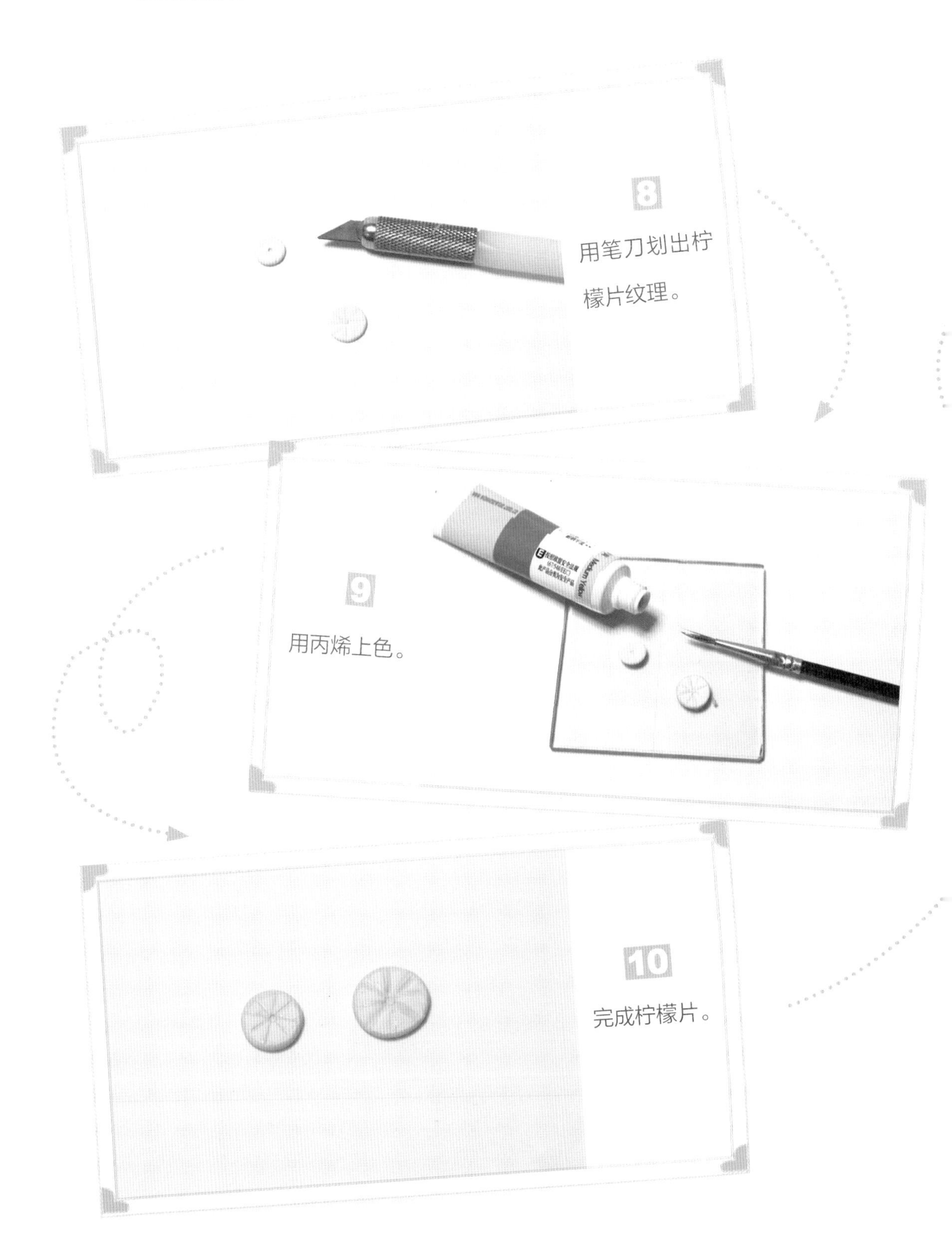

8
用笔刀划出柠檬片纹理。

9
用丙烯上色。

10
完成柠檬片。

11

倒入一层透明的 uv 滴胶。

12

用 uv 灯照干。

13

加入柠檬片继续倒入 uv 滴胶。

14

加入绿色色精搅拌均匀。

15
加入气泡珠。
16
将绿色粘土
压成薄片。
17
剪出不均
匀碎末。

19
用uv灯照干。
20
完成。
18
将碎末放在
最上面。

绵绵冰喜欢夏天
小心情装满香蕉船
马卡龙的颜色在浪漫
我为你留一个甜甜筒

冰淇淋的世界

你爱的香蕉船

冰淇淋的世界

准备工具：

笔刀

毛刷

果酱

仿真冰粒

牙签

奶油土

压模

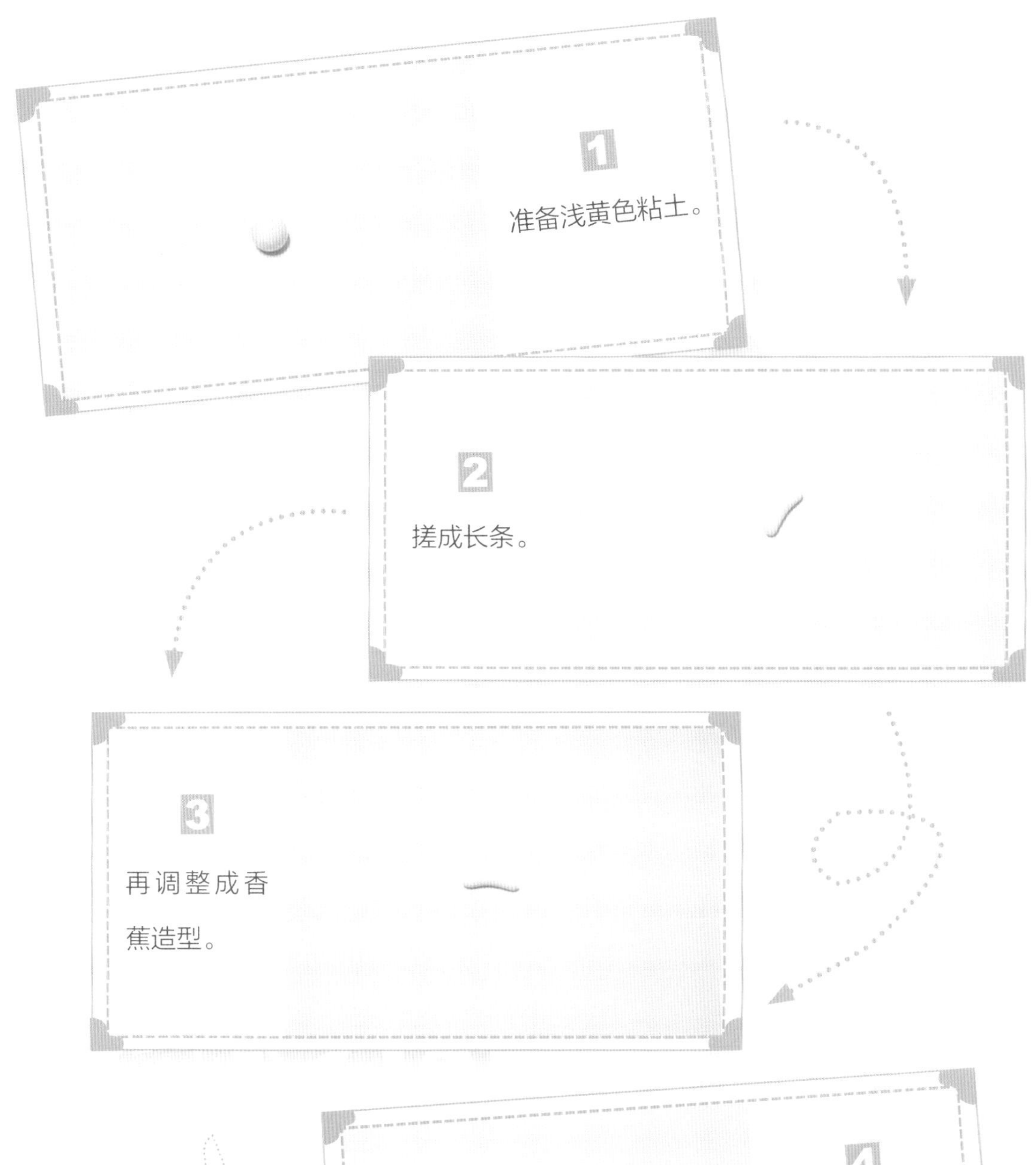

1

准备浅黄色粘土。

2

搓成长条。

3

再调整成香蕉造型。

4

用笔刀和毛刷制作出香蕉的纹理效果。

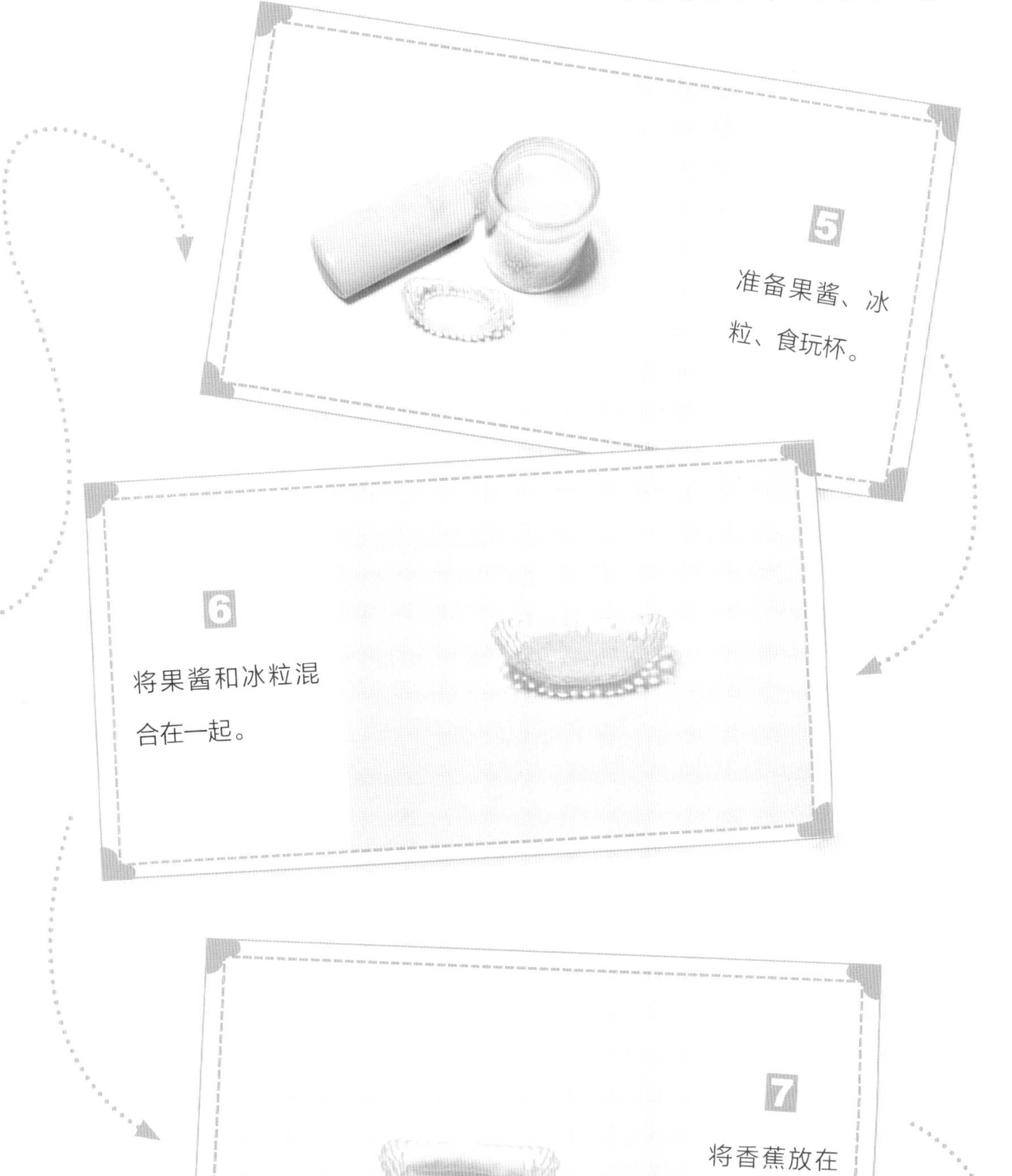

5

准备果酱、冰粒、食玩杯。

6

将果酱和冰粒混合在一起。

7

将香蕉放在两侧。

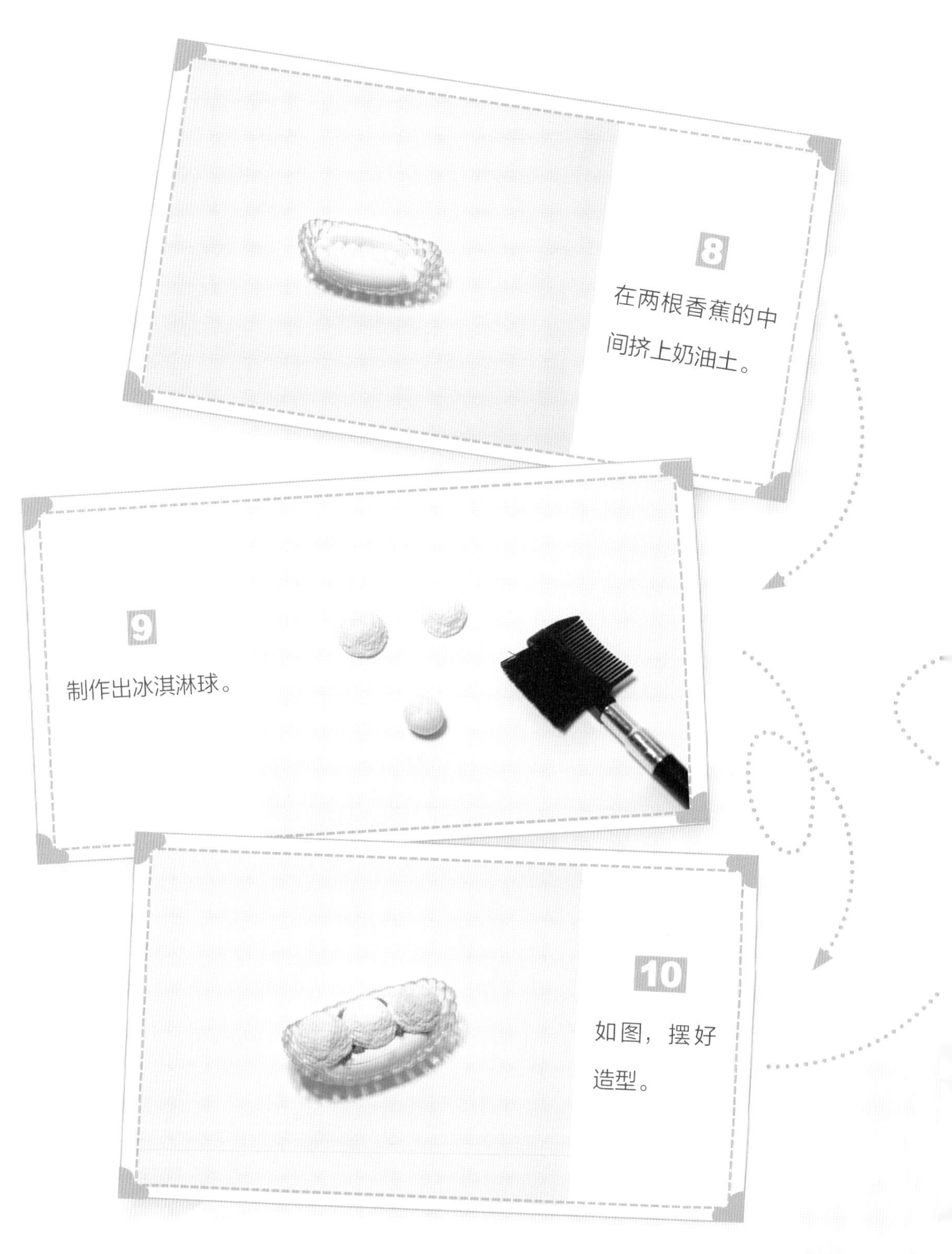
8
在两根香蕉的中
间挤上奶油土。
9
制作出冰淇淋球。
10
如图，摆好
造型。

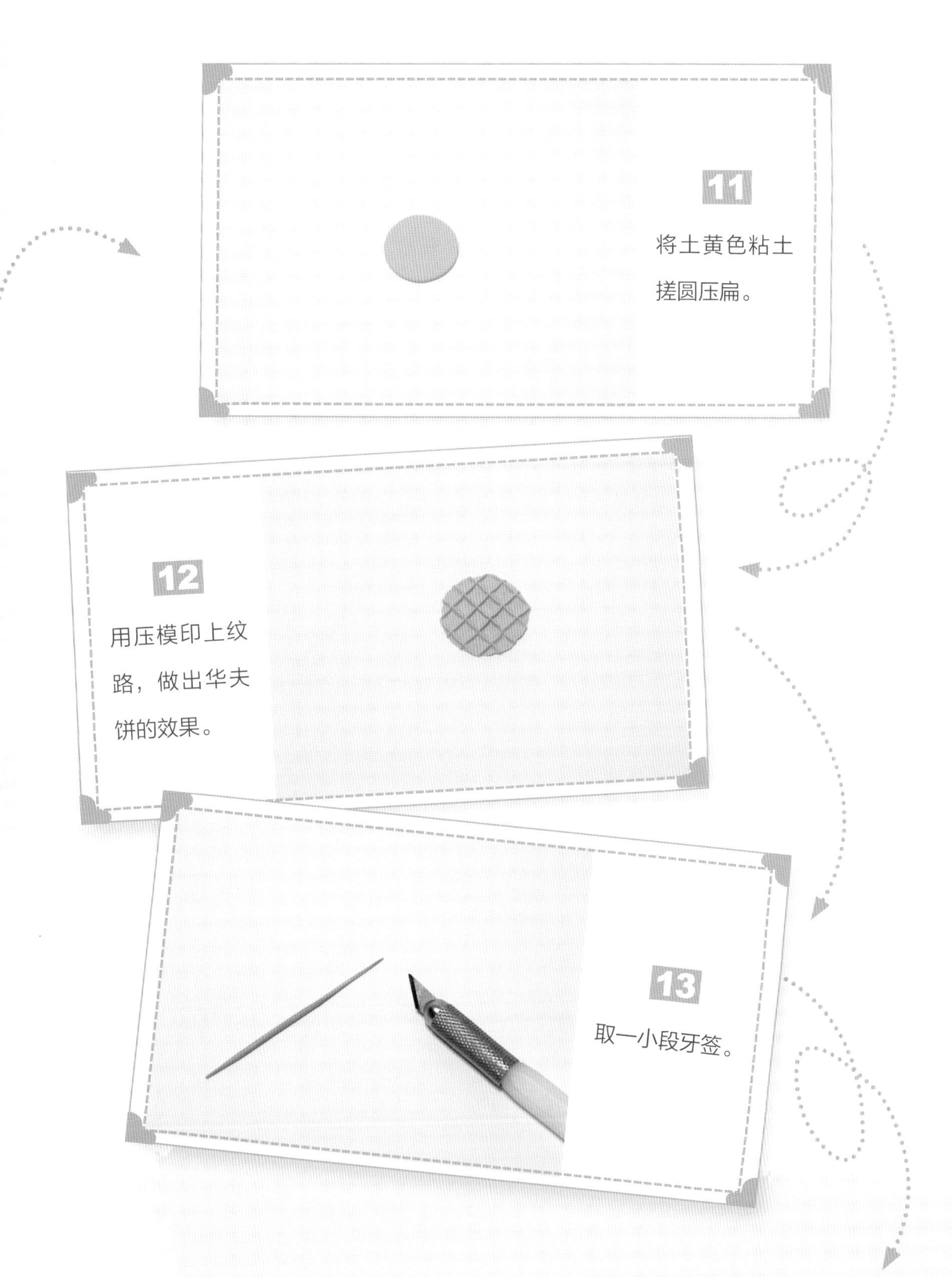
11
将土黄色粘土搓圆压扁。
12
用压模印上纹路，做出华夫饼的效果。
13
取一小段牙签。

14

用小段牙签将华夫饼穿起来。

15

如图，插上去，做出船帆的效果。

16

将红色粘土搓成一个个小圆球。

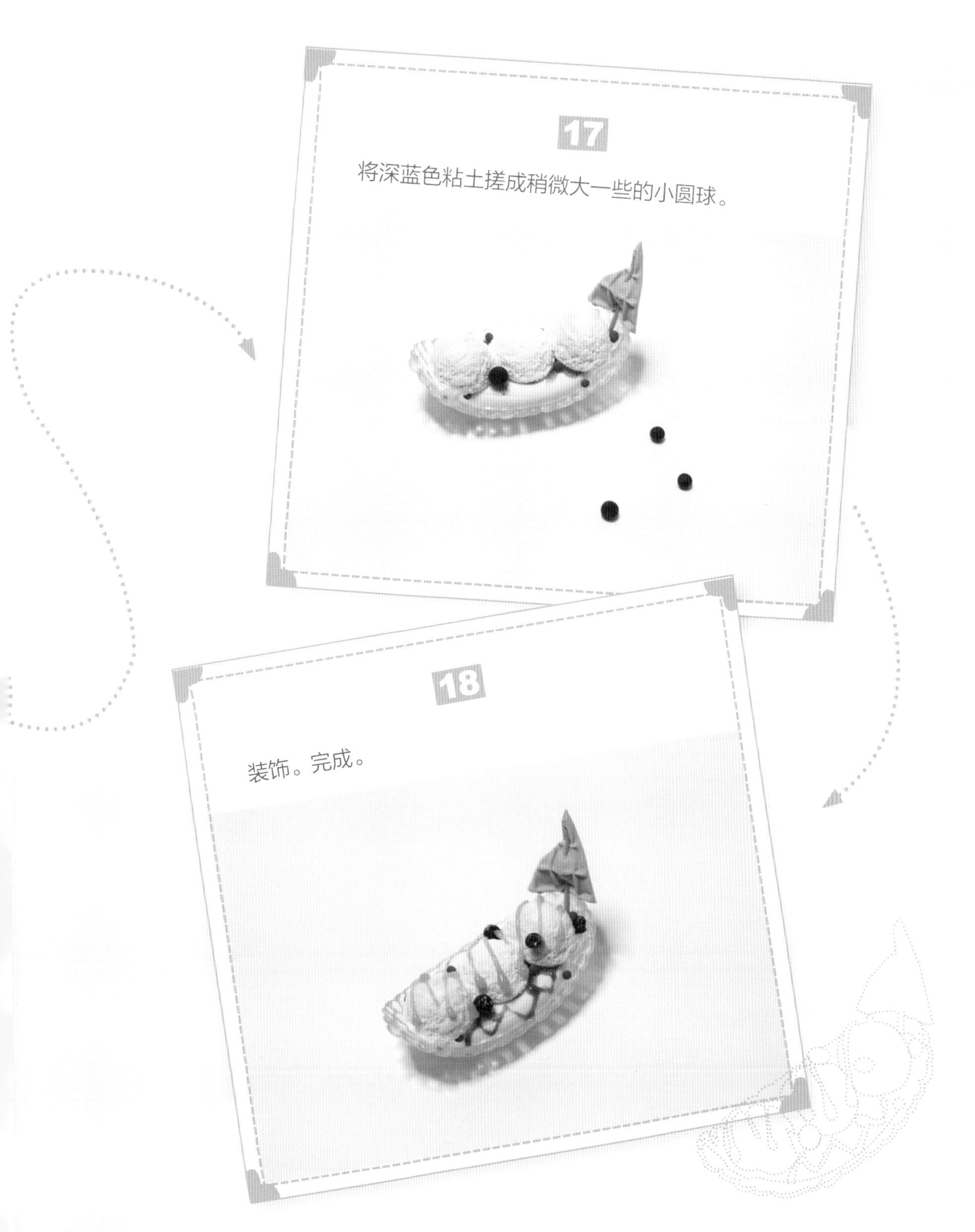
17
将深蓝色粘土搓成稍微大一些的小圆球。
18
装饰。完成。

准备工具：

- 擀棒
- 压模
- 剪刀
- 锡纸
- 翻模土
- 刀片
- 奶油土
- 塑料奥利奥

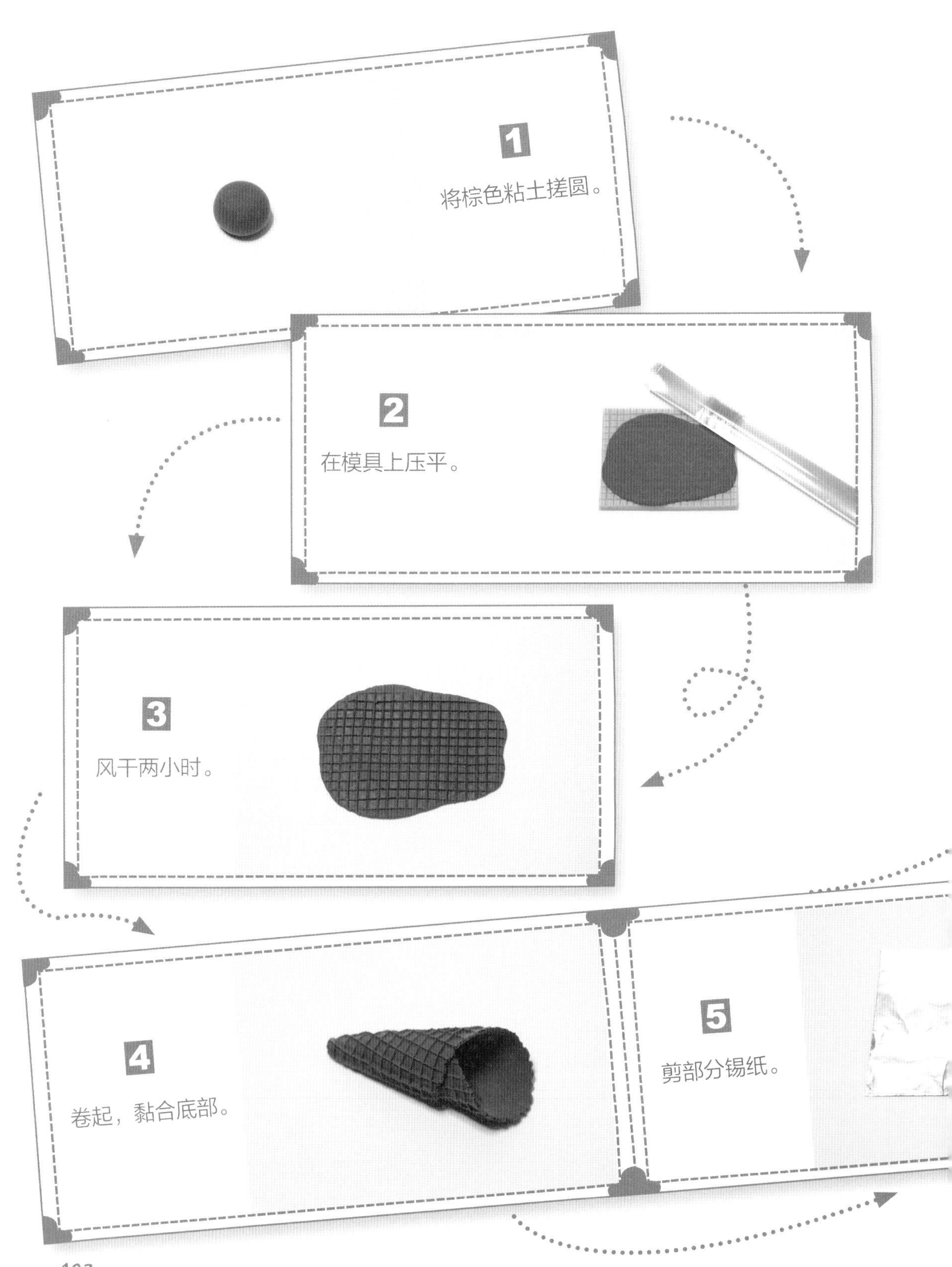
1
将棕色粘土搓圆。
2
在模具上压平。
3
风干两小时。
4
卷起，黏合底部。
5
剪部分锡纸。

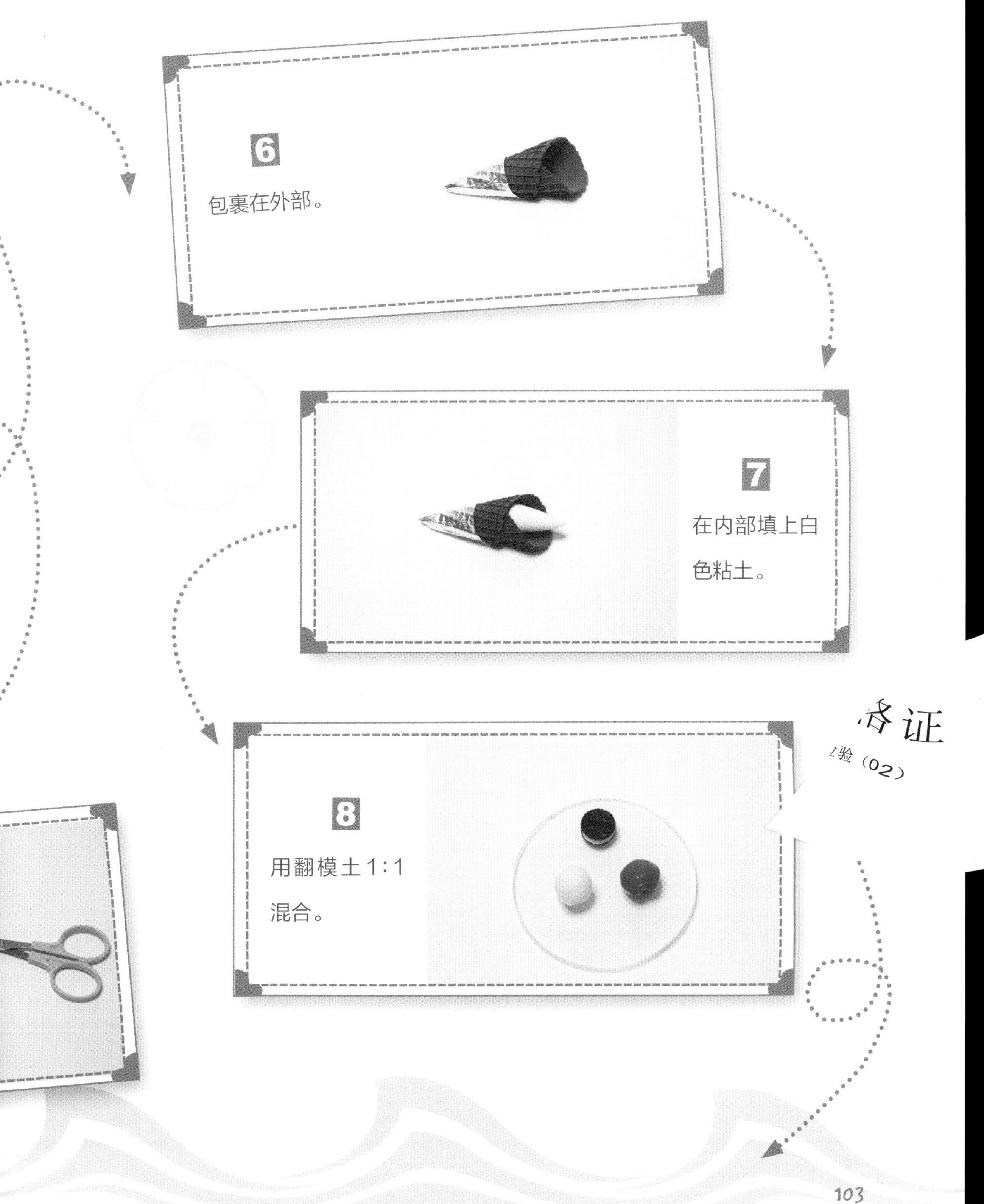

6

包裹在外部。

7

在内部填上白色粘土。

8

用翻模土1:1混合。

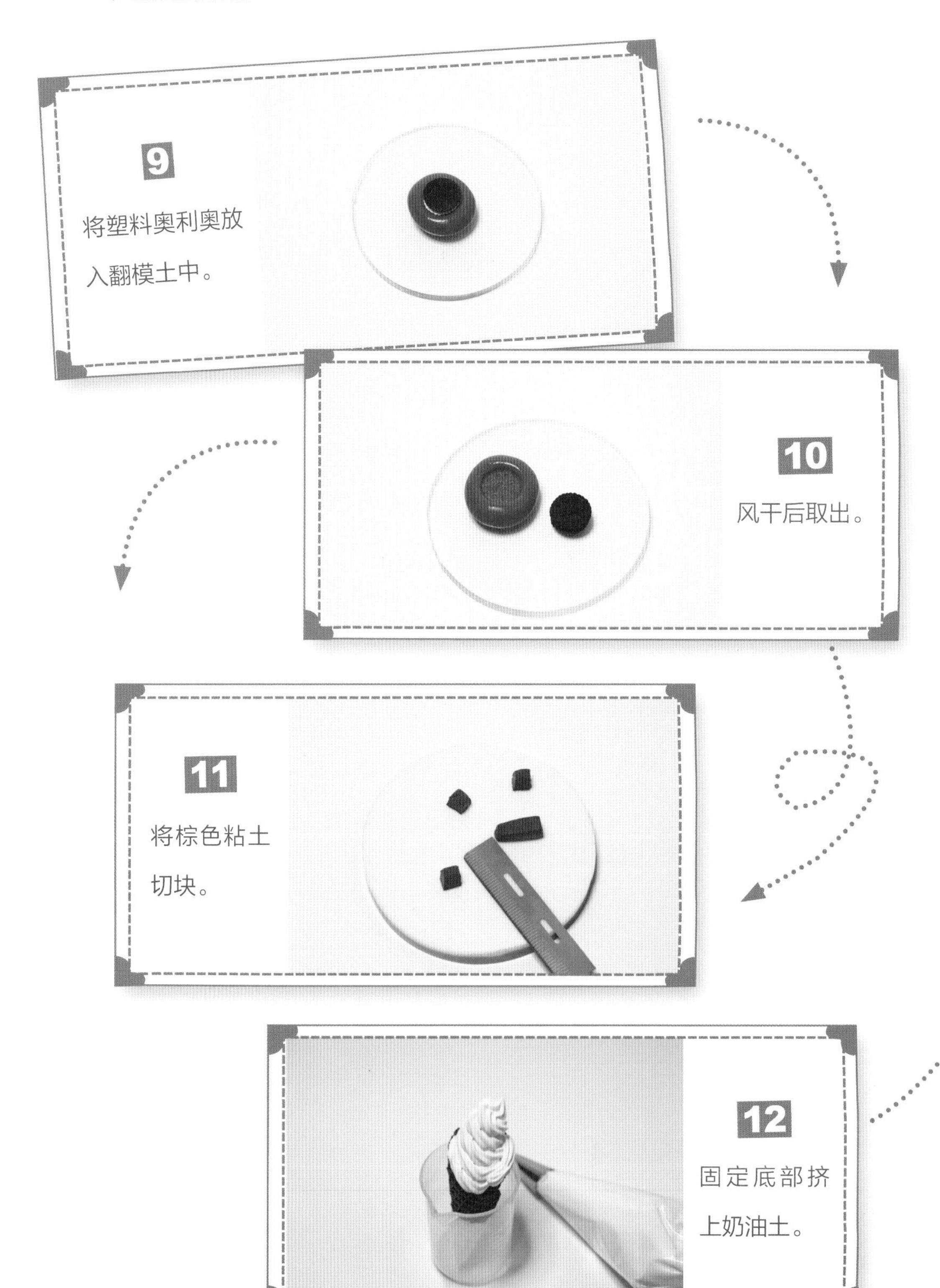

9

将塑料奥利奥放入翻模土中。

10

风干后取出。

11

将棕色粘土切块。

12

固定底部挤上奶油土。

13

放入装饰（巧克力块和奥利奥）。

14

完成。

HAPPY

你爱的马卡冰

冰淇淋的世界

准备工具：

压板　奶油土

刀片　七本针

牙签　裱花嘴

镊子　裱花袋

刷子

剪刀

色精

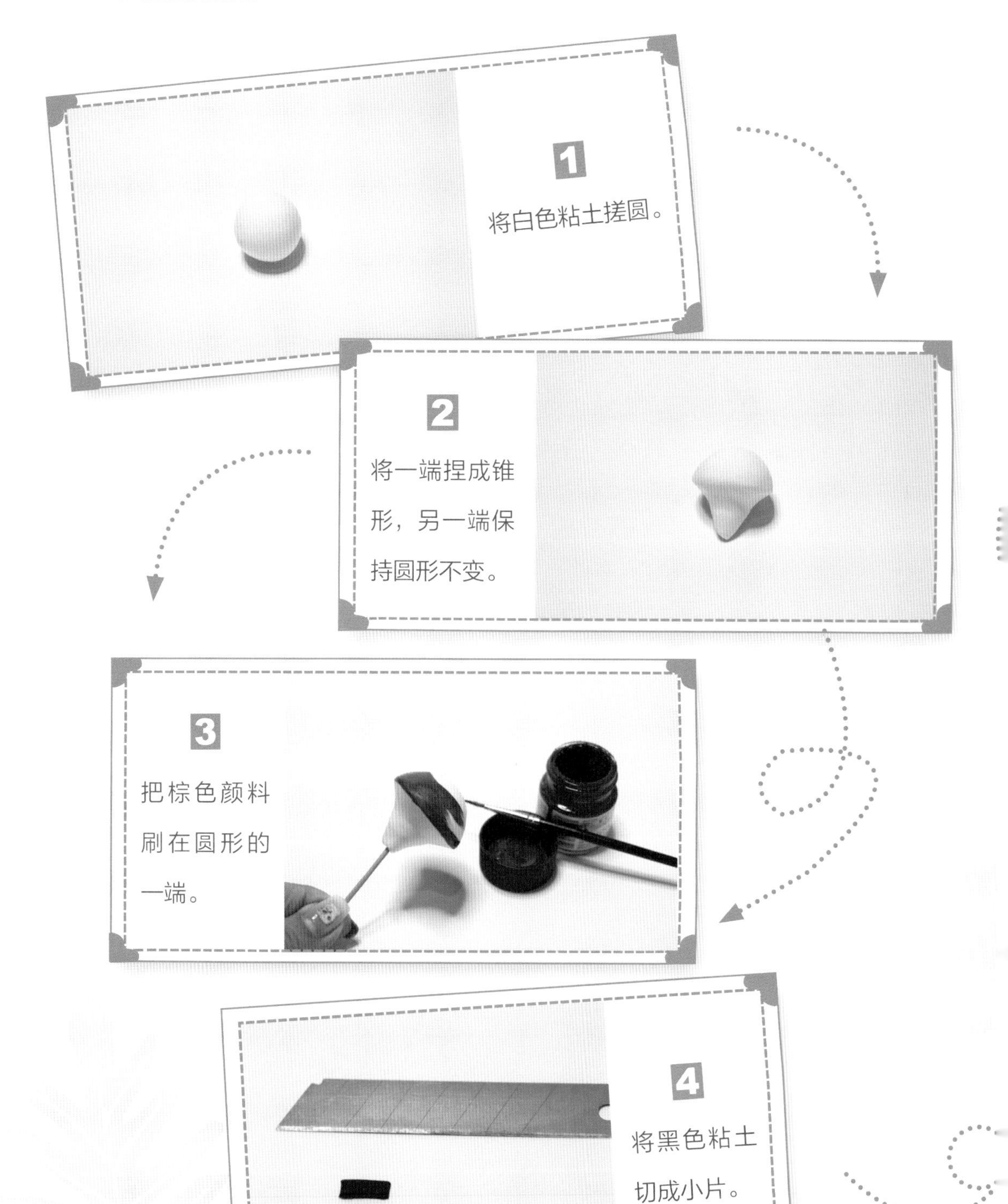
1
将白色粘土搓圆。
2
将一端捏成锥形，另一端保持圆形不变。
3
把棕色颜料刷在圆形的一端。
4
将黑色粘土切成小片。

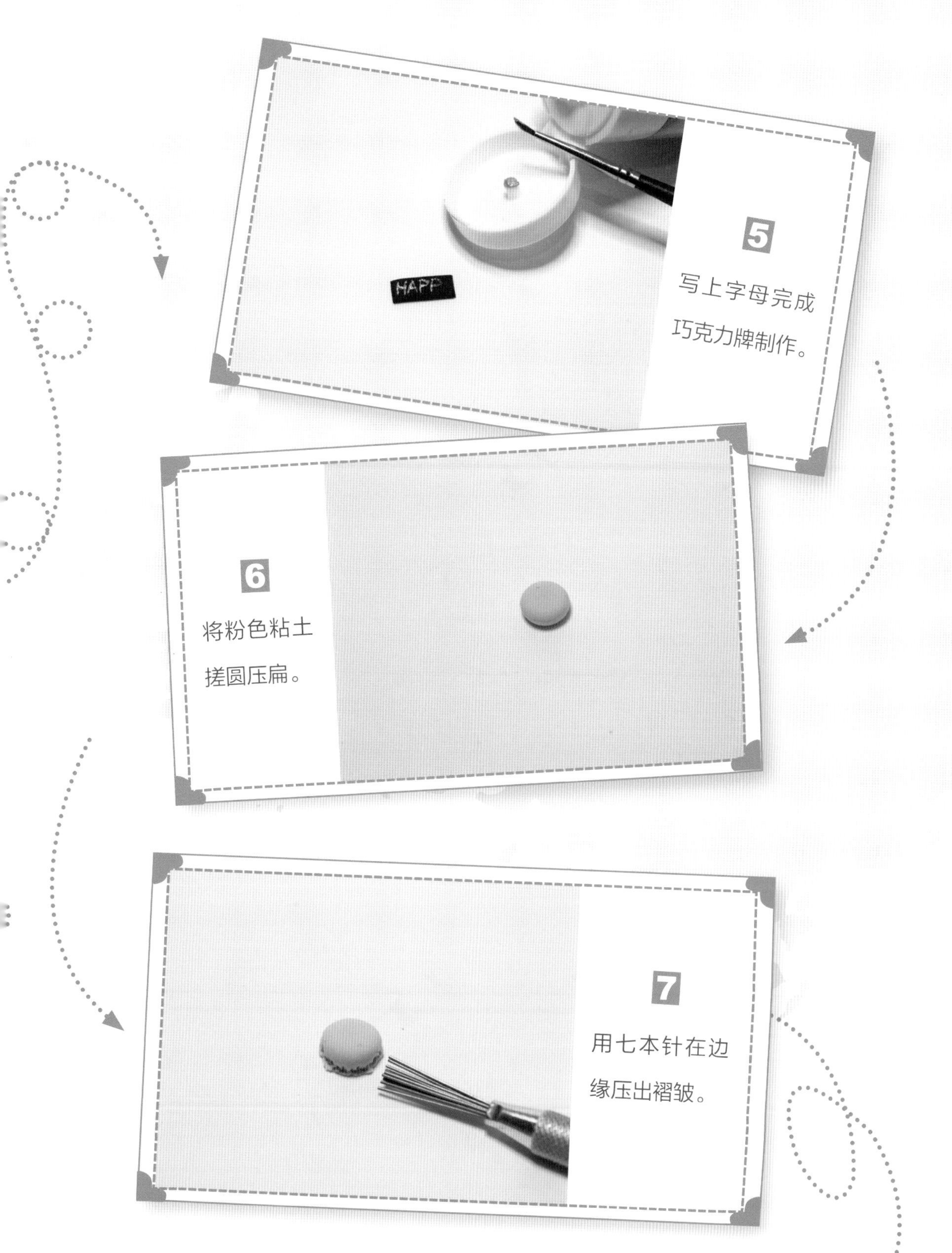

5

写上字母完成巧克力牌制作。

6

将粉色粘土搓圆压扁。

7

用七本针在边缘压出褶皱。

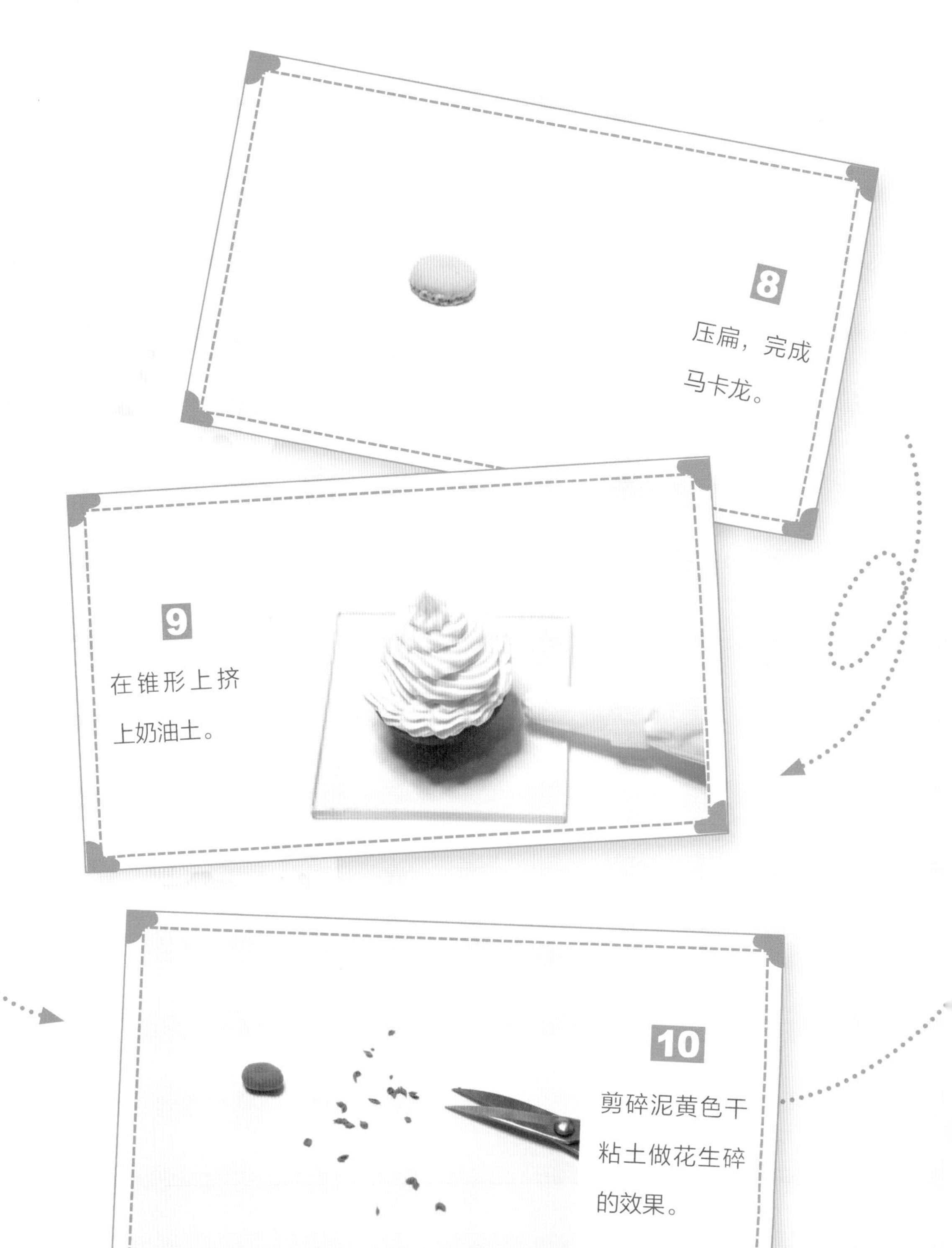
8
压扁，完成
马卡龙。
9
在锥形上挤
上奶油土。
10
剪碎泥黄色干
粘土做花生碎
的效果。

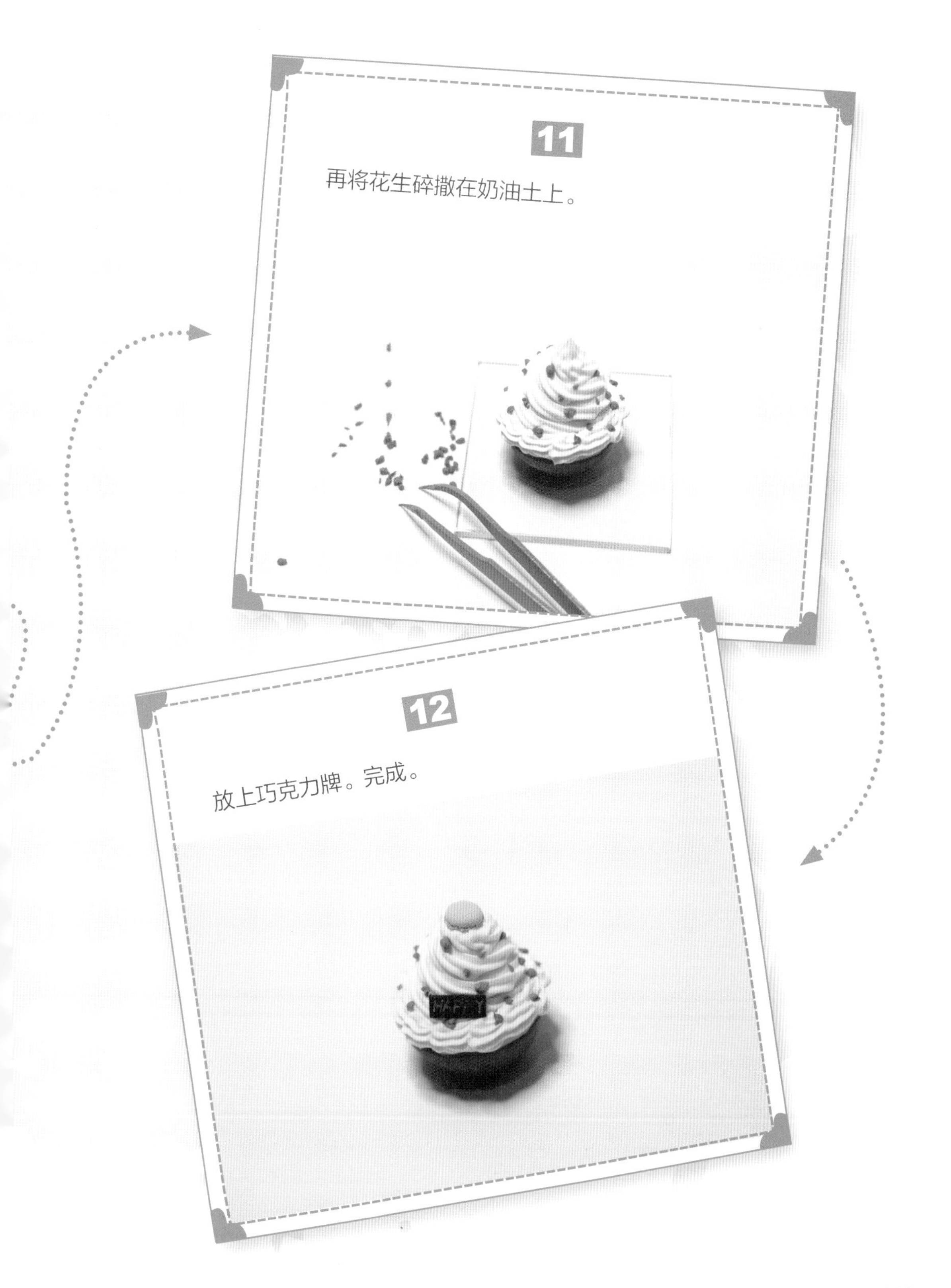

11

再将花生碎撒在奶油土上。

12

放上巧克力牌。完成。

准备工具：

白胶

刷子

一次性杯子

果酱

液态酱汁

刀片

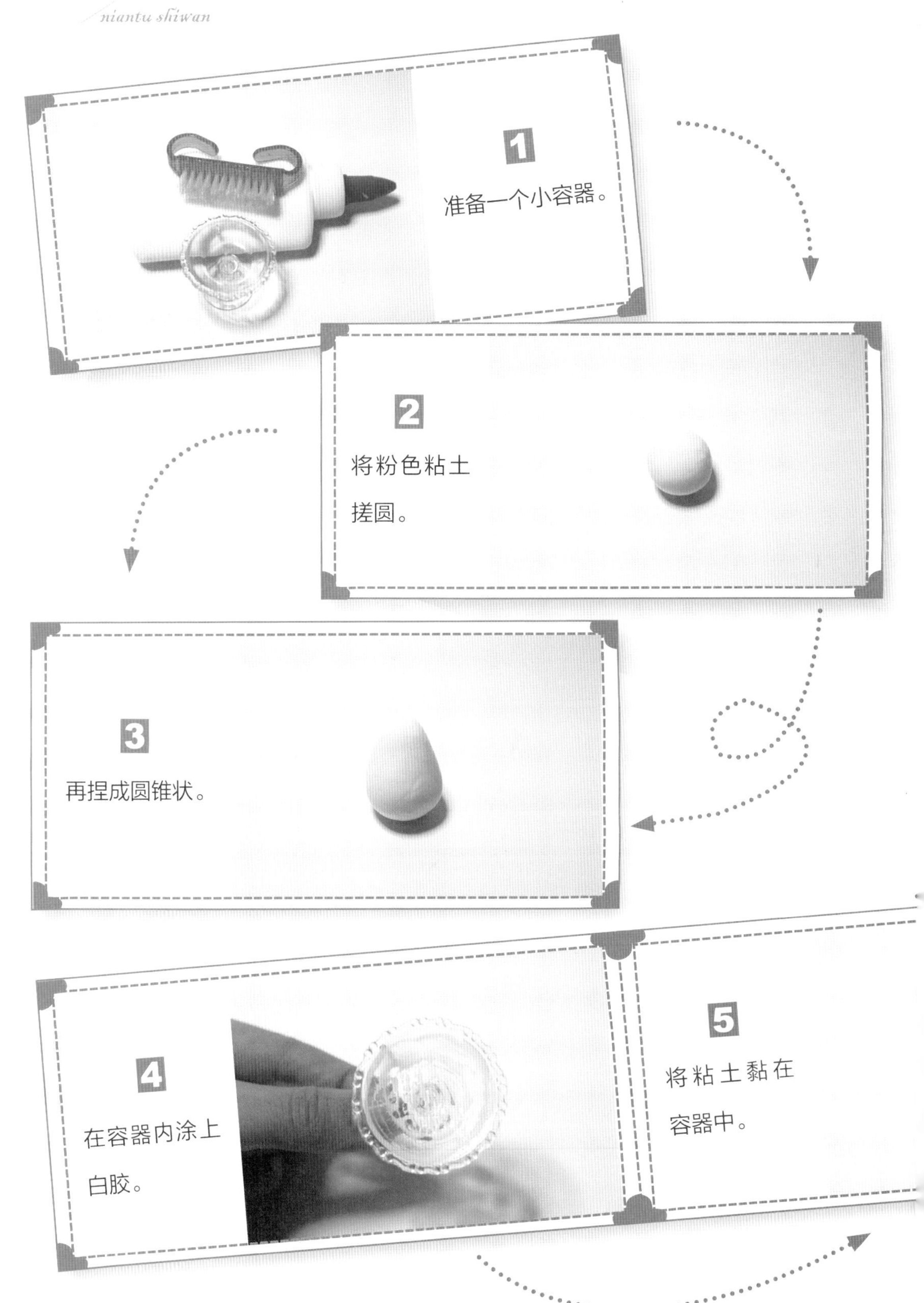
1
准备一个小容器。
2
将粉色粘土
搓圆。
3
再捏成圆锥状。
4
在容器内涂上
白胶。
5
将粘土黏在
容器中。

6

用刷子刷出绵绵冰的纹路。

7

完成绵绵冰底胚。

8

混合液态酱汁和果酱。

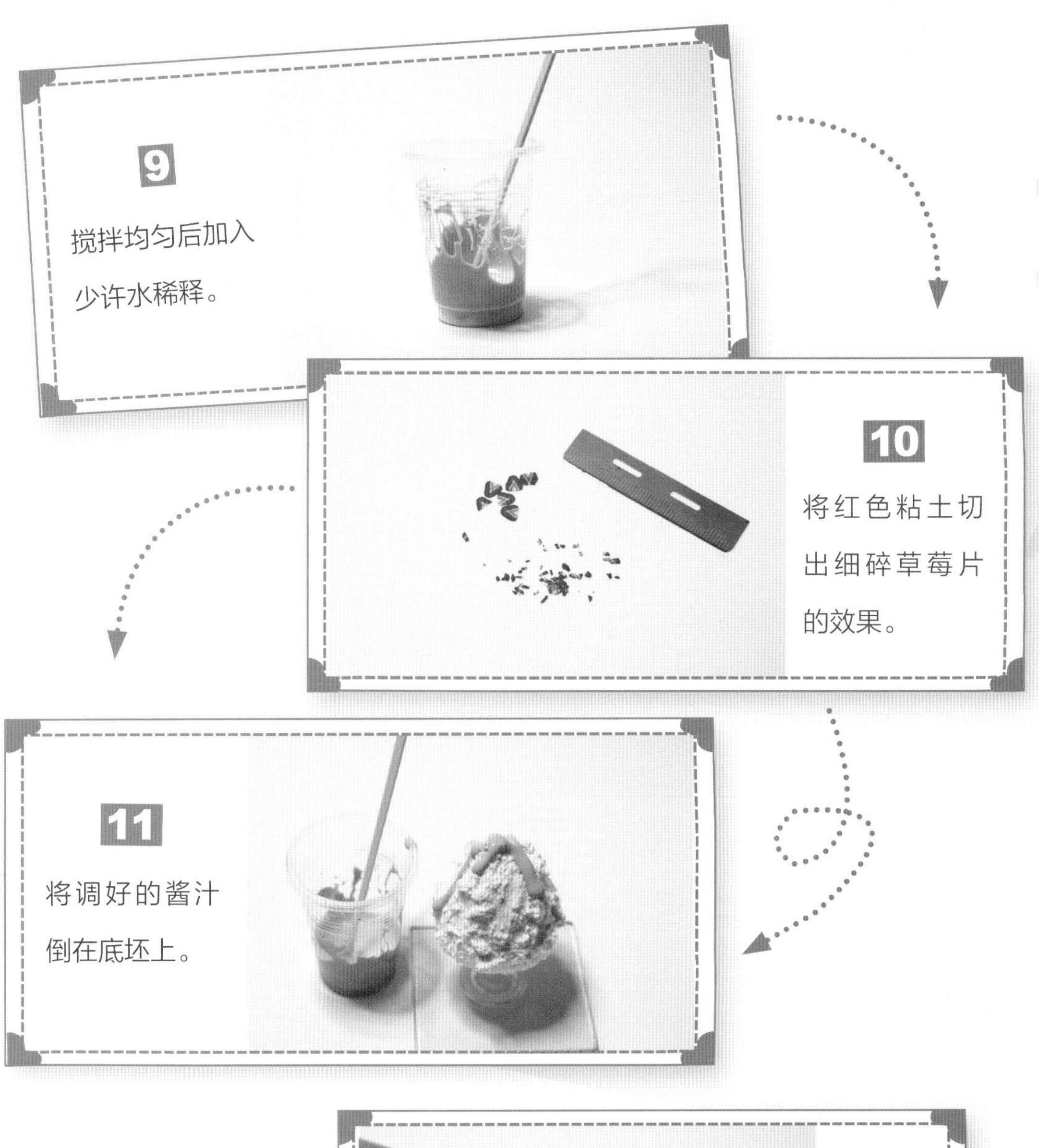

9

搅拌均匀后加入少许水稀释。

10

将红色粘土切出细碎草莓片的效果。

11

将调好的酱汁倒在底坯上。

12

倒酱汁。

13
完成。
14
风干后效果更好。

为你簌簌飞落
香甜的雪花
让整个世界的甜腻
都在奶油的味道里

奶油的世界

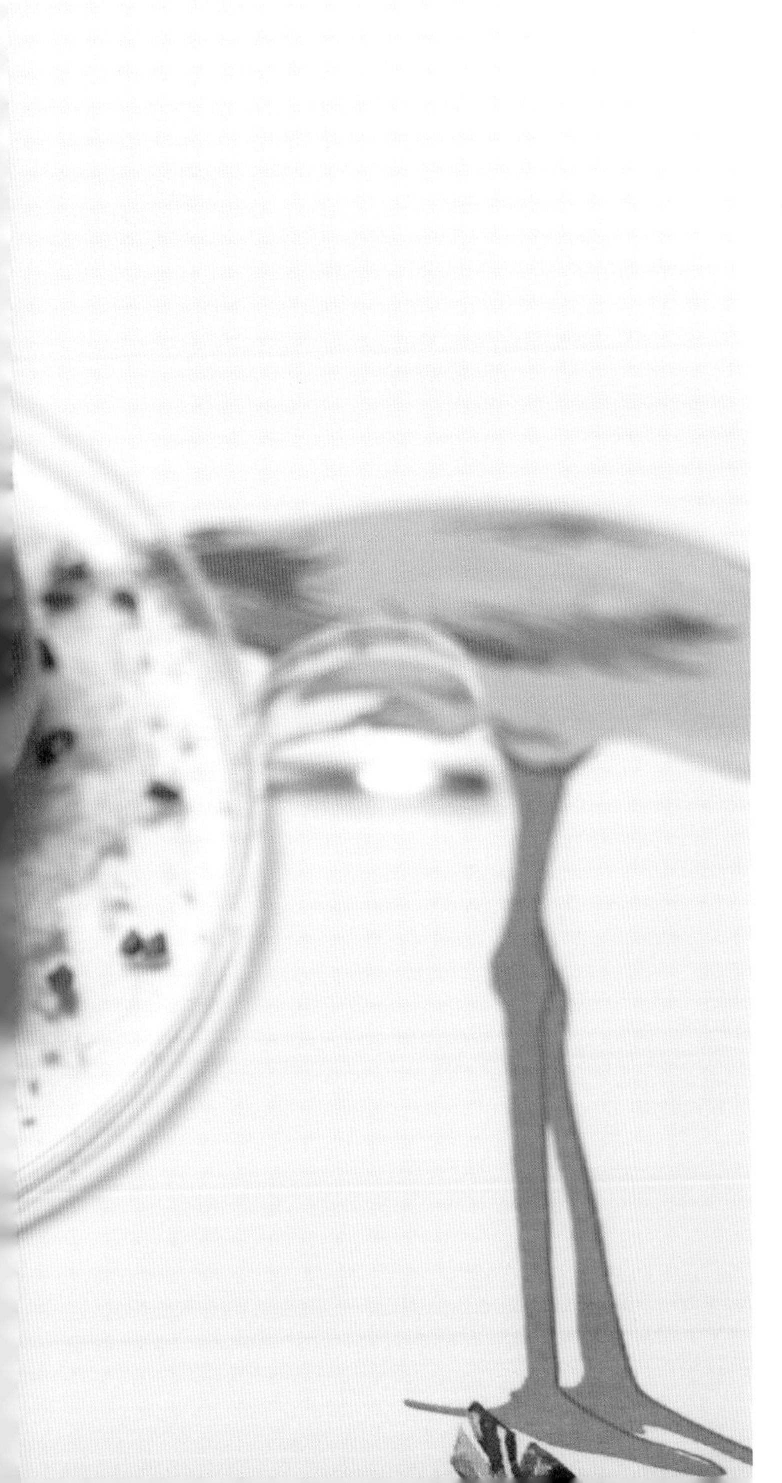

你爱的大班戟

奶油的世界

准备工具：

擀棒

奶油土

刀片

七本针

丙烯

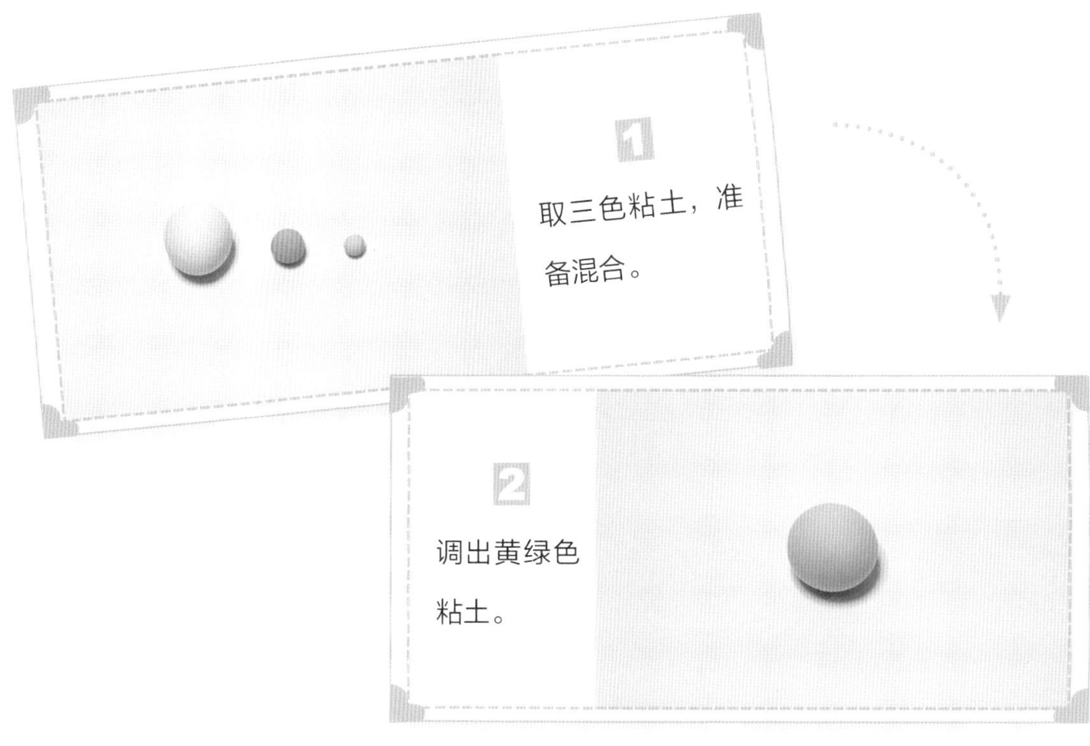

1
取三色粘土，准备混合。

2
调出黄绿色粘土。

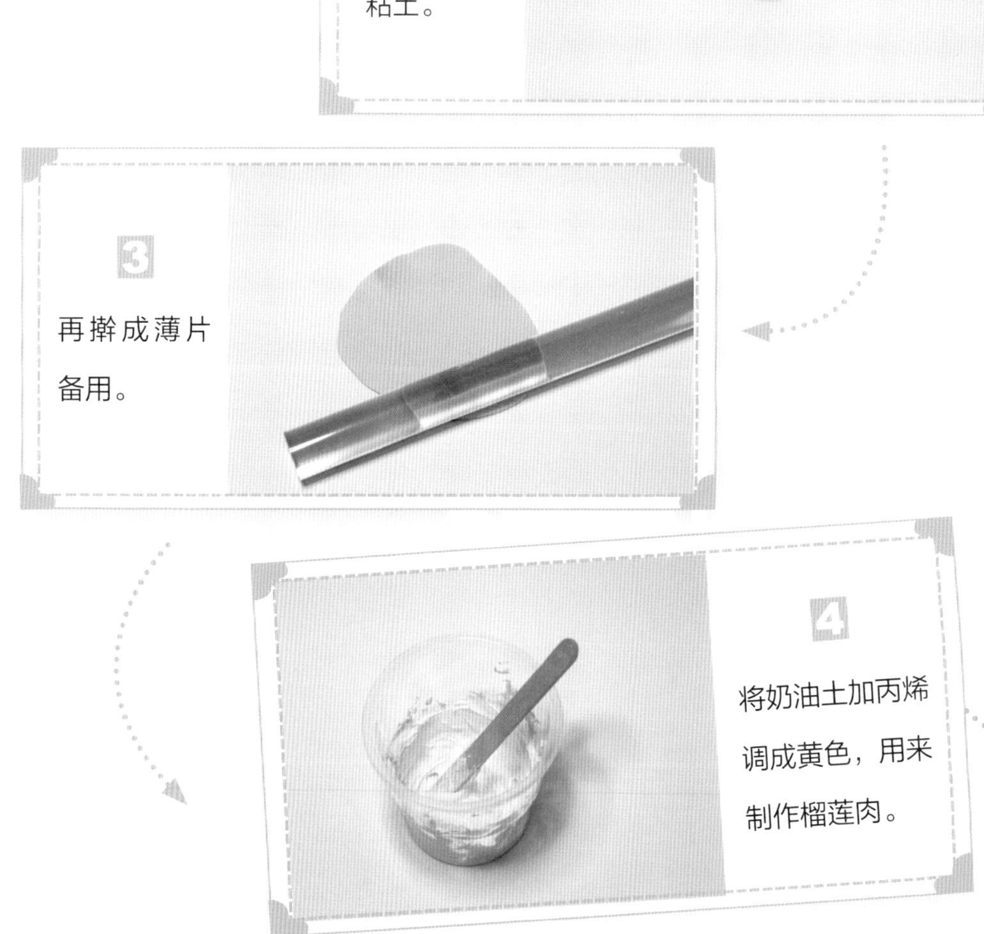

3
再擀成薄片备用。

4
将奶油土加丙烯调成黄色，用来制作榴莲肉。

5

将黄色奶油土挤上去。

6

再覆盖白色奶油土。

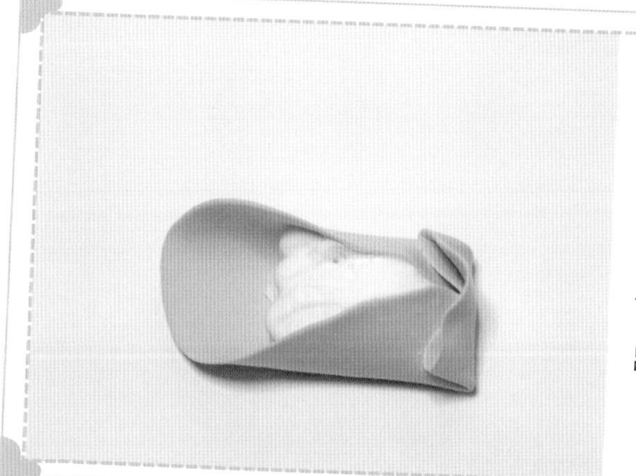

7

包起来，注意不要让奶油跑出来。

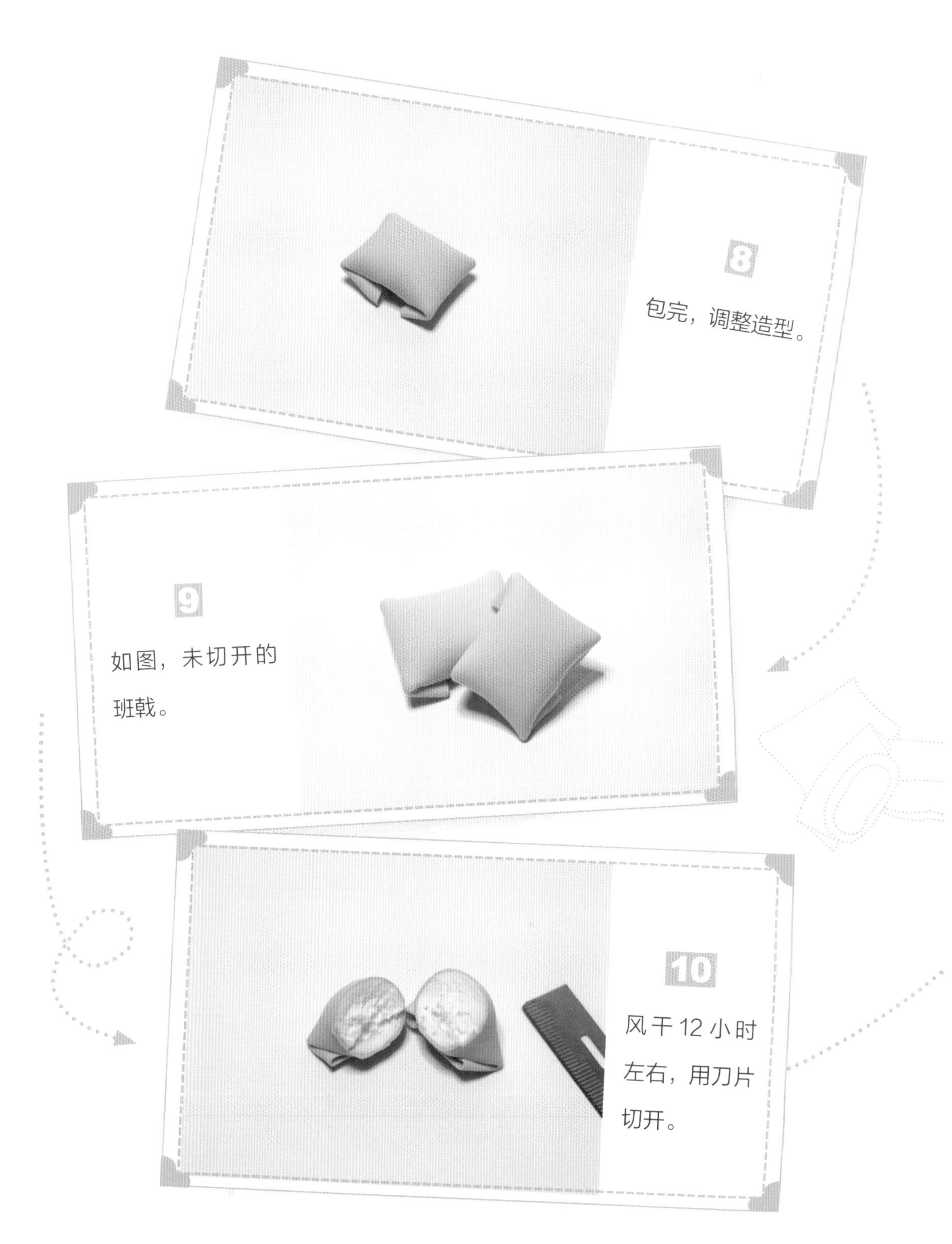
8
包完，调整造型。
9
如图，未切开的
班戟。
10
风干 12 小时
左右，用刀片
切开。

11

用七本针戳黄色部分。

12

完成榴莲班戟。

你爱的戚风卷

奶油的世界

准备工具：

擀棒

刀片

烧烤色色粉

七本针

刷子

果酱

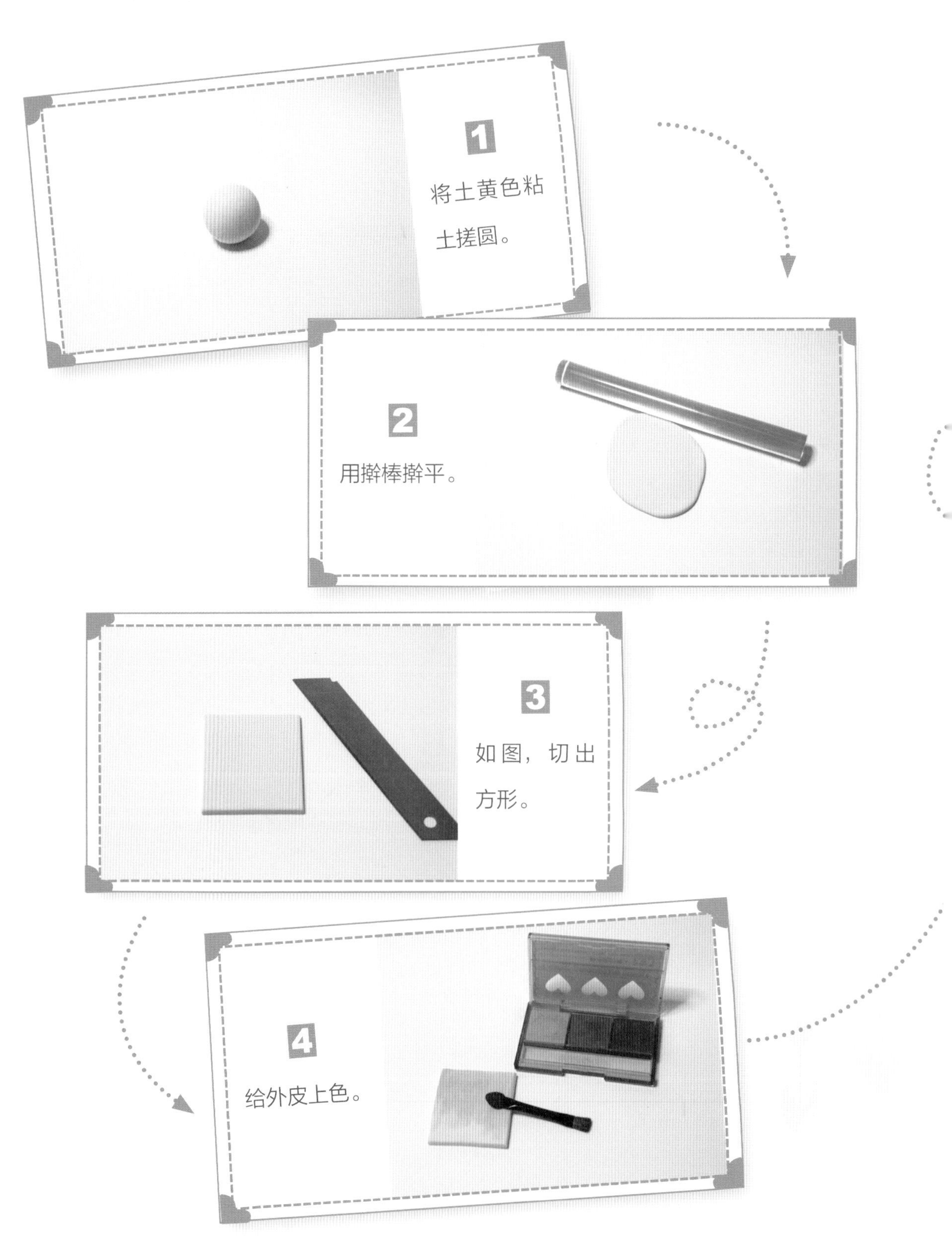
1
将土黄色粘
土搓圆。
2
用擀棒擀平。
3
如图，切出
方形。
4
给外皮上色。

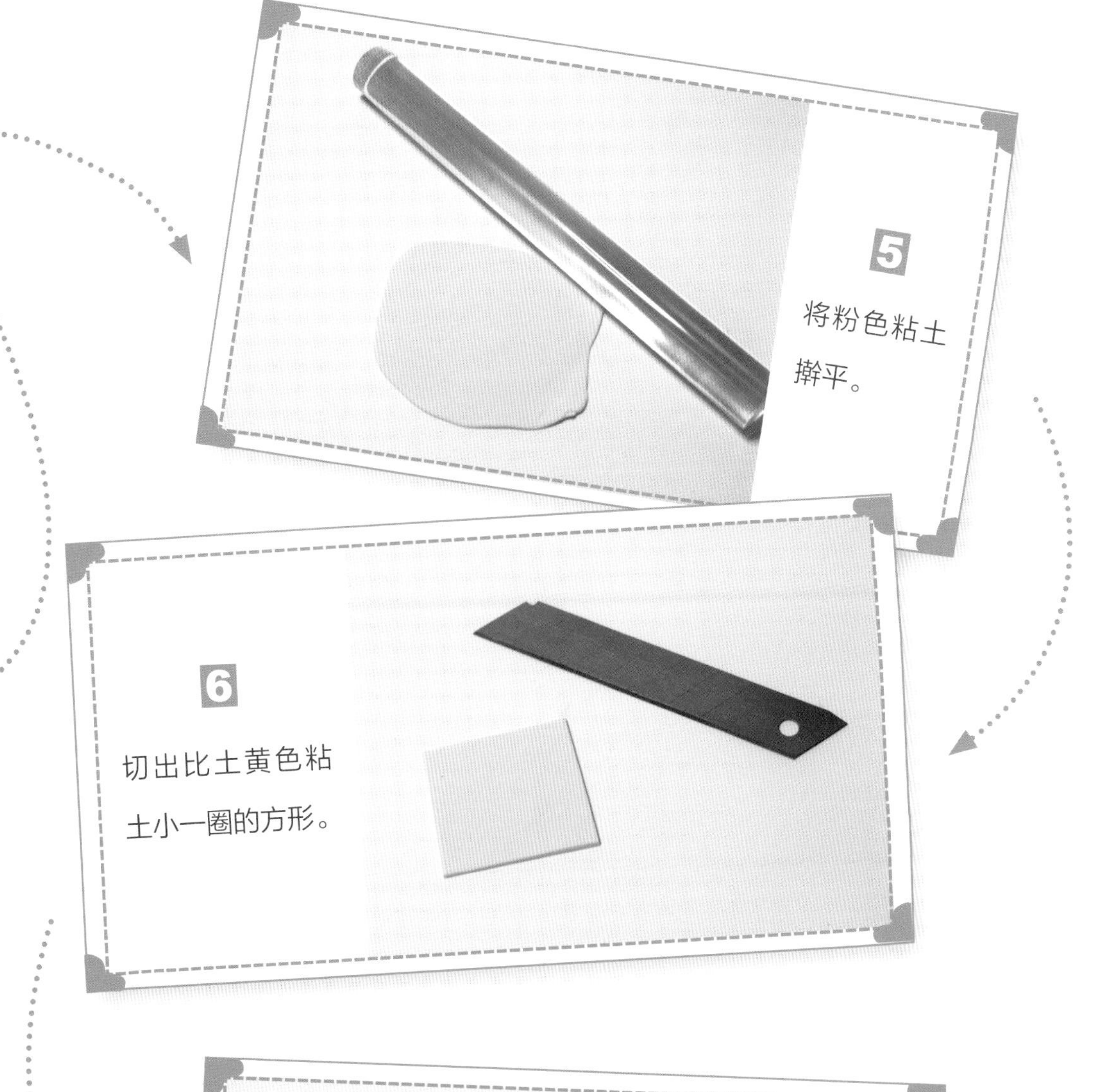

5

将粉色粘土擀平。

6

切出比土黄色粘土小一圈的方形。

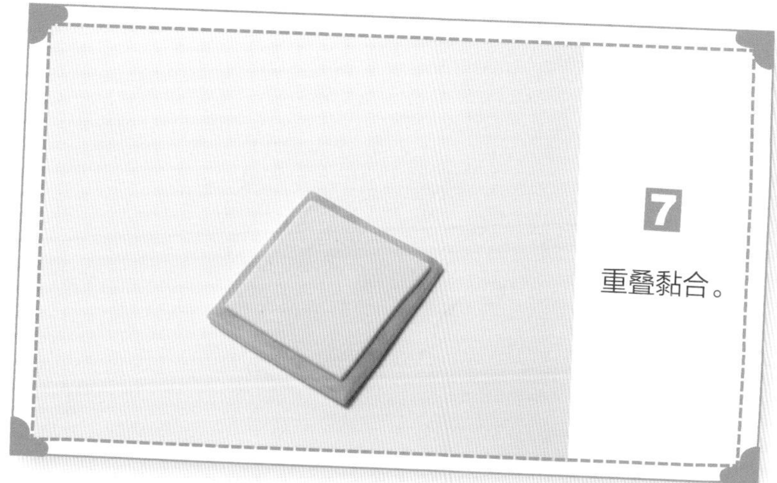

7

重叠黏合。

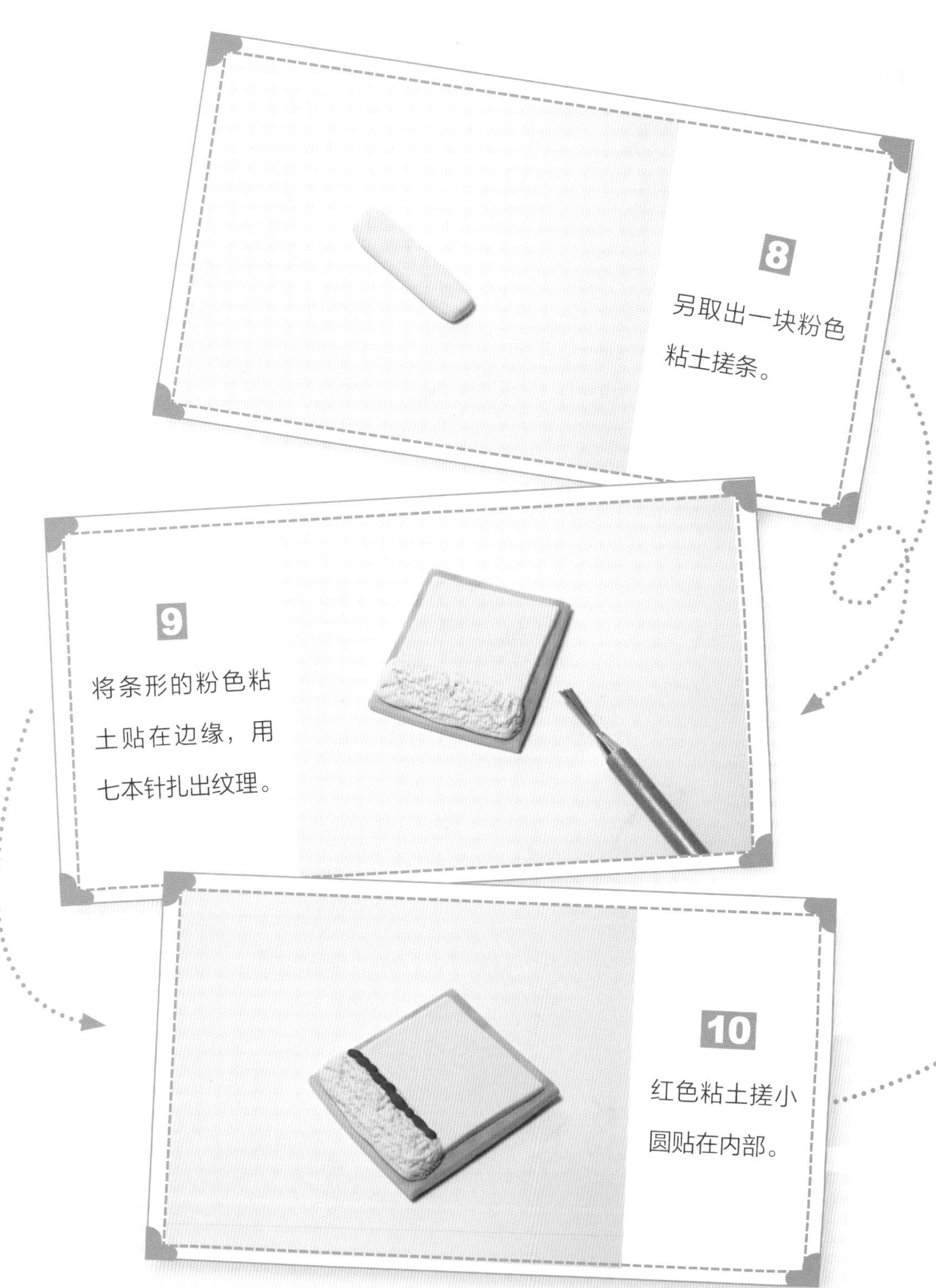
8
另取出一块粉色
粘土搓条。
9
将条形的粉色粘
土贴在边缘，用
七本针扎出纹理。
10
红色粘土搓小
圆贴在内部。

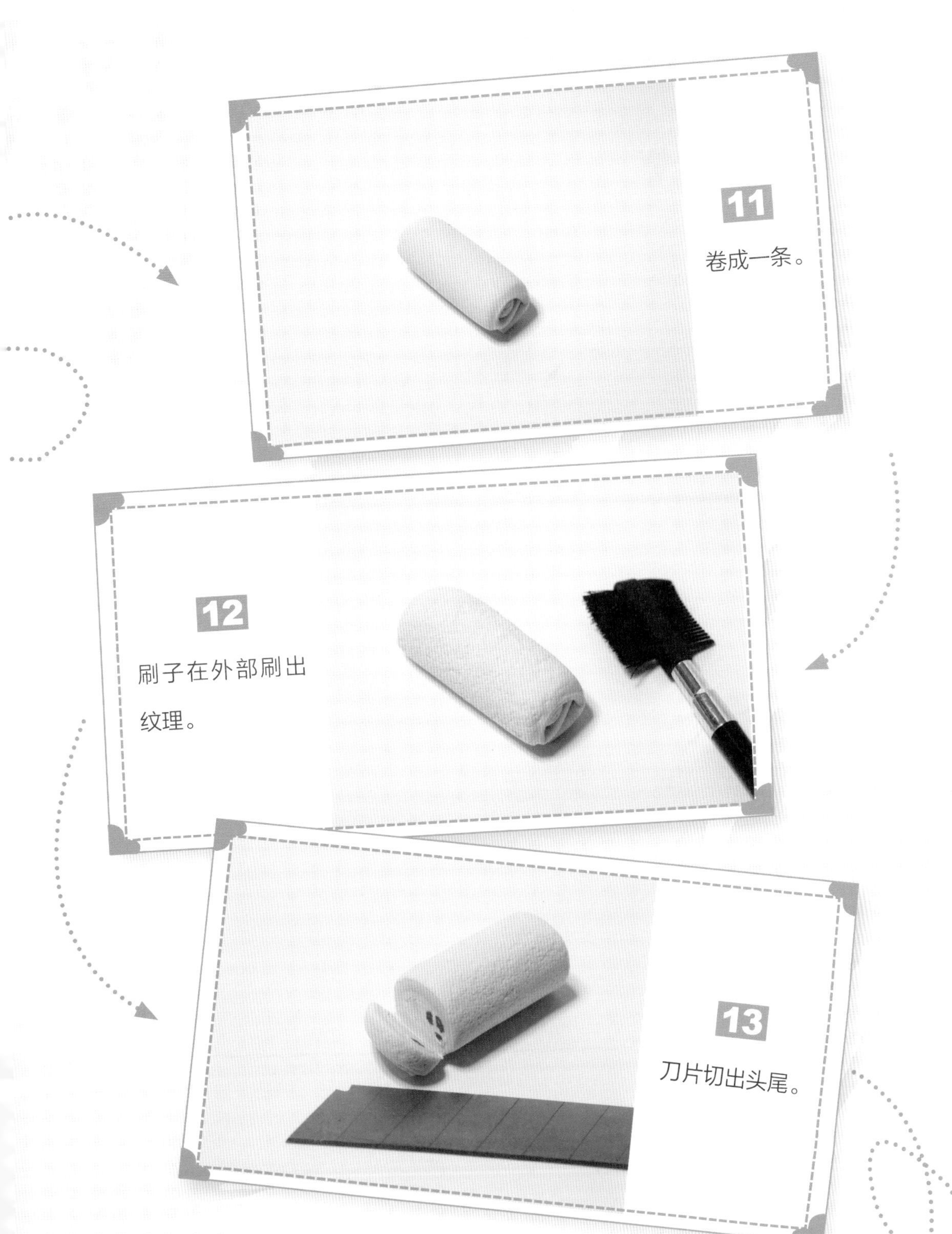
11
卷成一条。
12
刷子在外部刷出纹理。
13
刀片切出头尾。

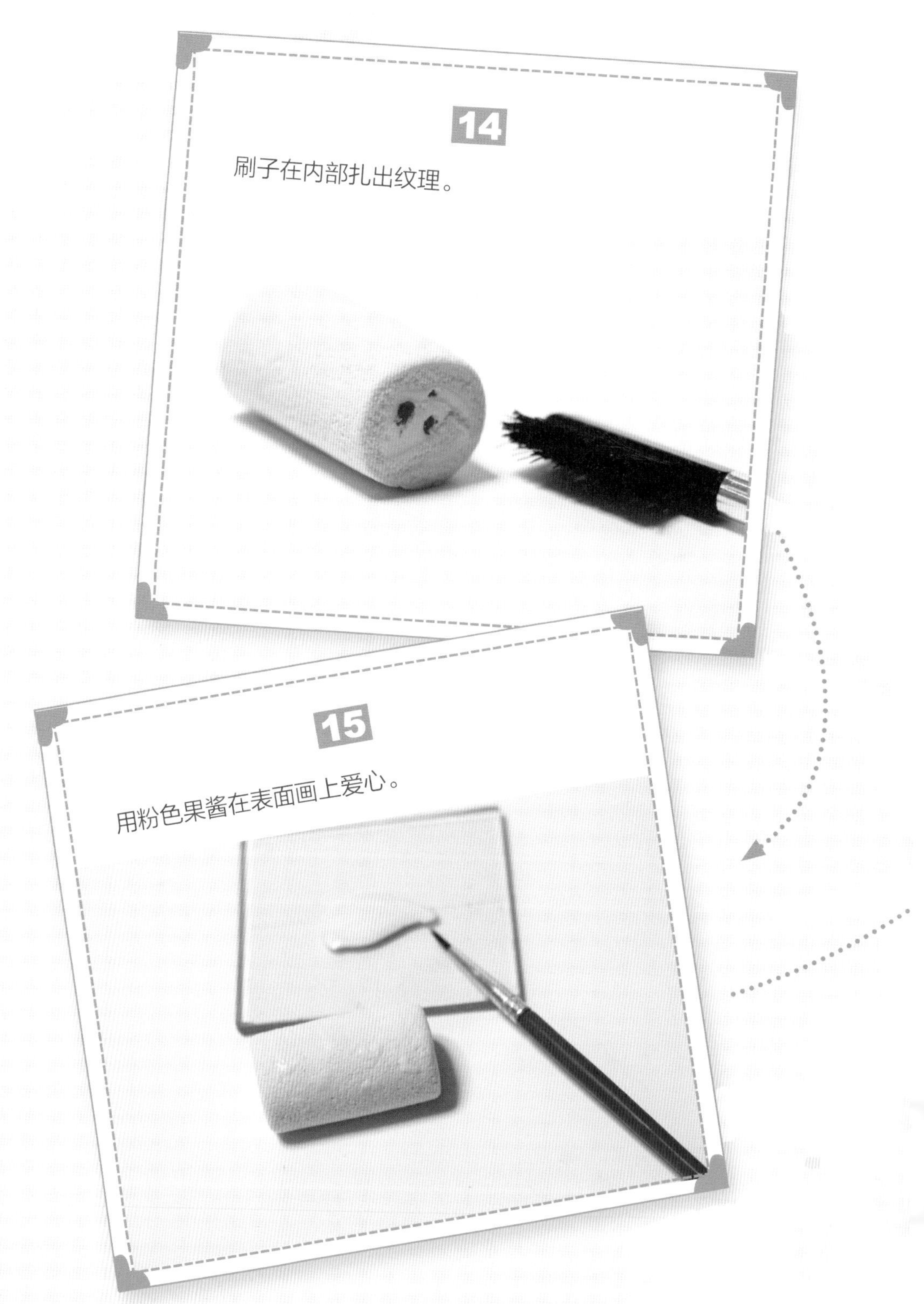
14
刷子在内部扎出纹理。
15
用粉色果酱在表面画上爱心。

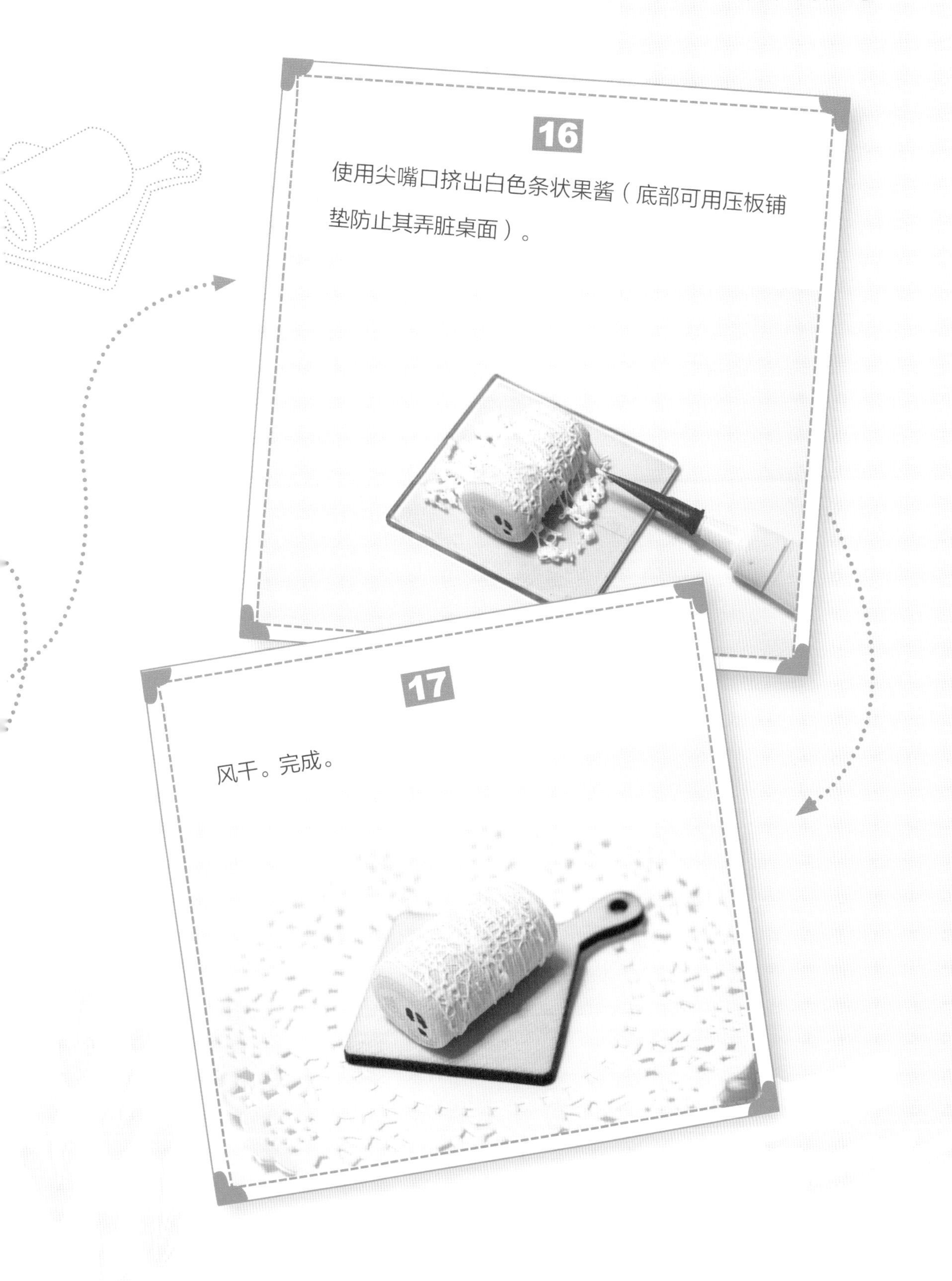

16

使用尖嘴口挤出白色条状果酱（底部可用压板铺垫防止其弄脏桌面）。

17

风干。完成。

你爱的舒芙蕾

奶油的世界

准备工具：

刀片 压板

烧烤色色粉 笔刀

细节针 丙烯

镊子 海绵

剪刀 纸粘土

搅拌勺

一次性纸杯

白胶 仿真椰蓉

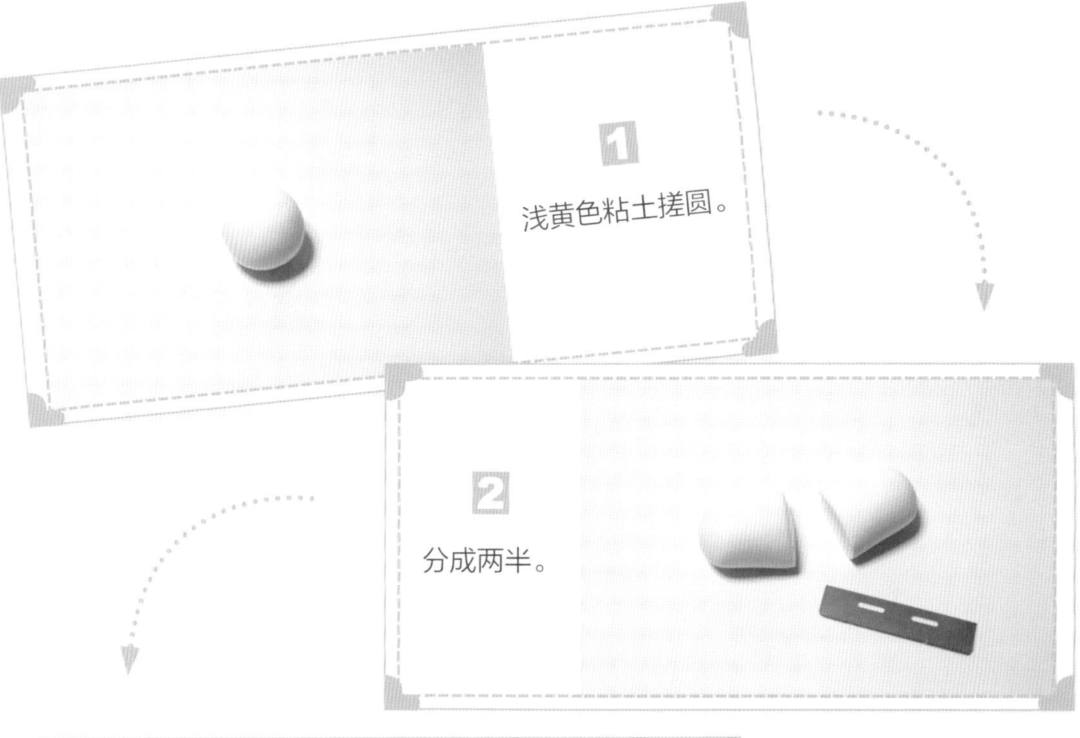

1

浅黄色粘土搓圆。

2

分成两半。

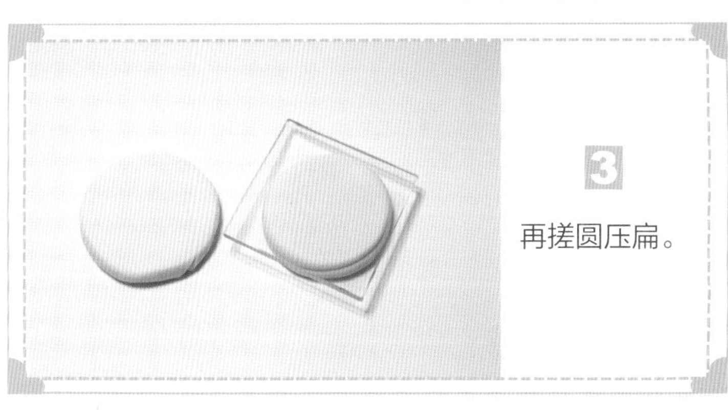

3

再搓圆压扁。

4

两面上色。

5

完成上色，边缘不需要很平整。

6

将浅黄色粘土搓成长条。

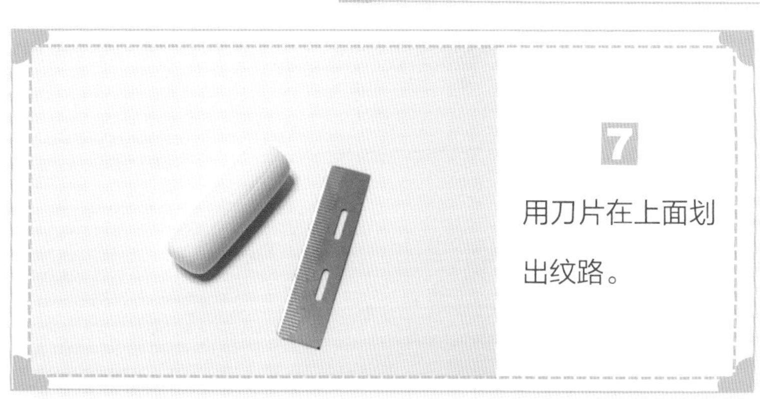

7

用刀片在上面划出纹路。

8

斜面切开做出香蕉片。

9
利用笔刀的形状，在每一片的中间压出三个三角。

10
在香蕉片中间加深颜色。

11
画出仿真香蕉片。

12
将深蓝色粘土搓成小圆。

13
用镊子捏出蓝莓的形状。

14

用海绵蘸取白色丙烯涂在蓝莓上。

15

使用同样的方法涂在面饼上。

16

将浅棕色粘土搓出水滴形。

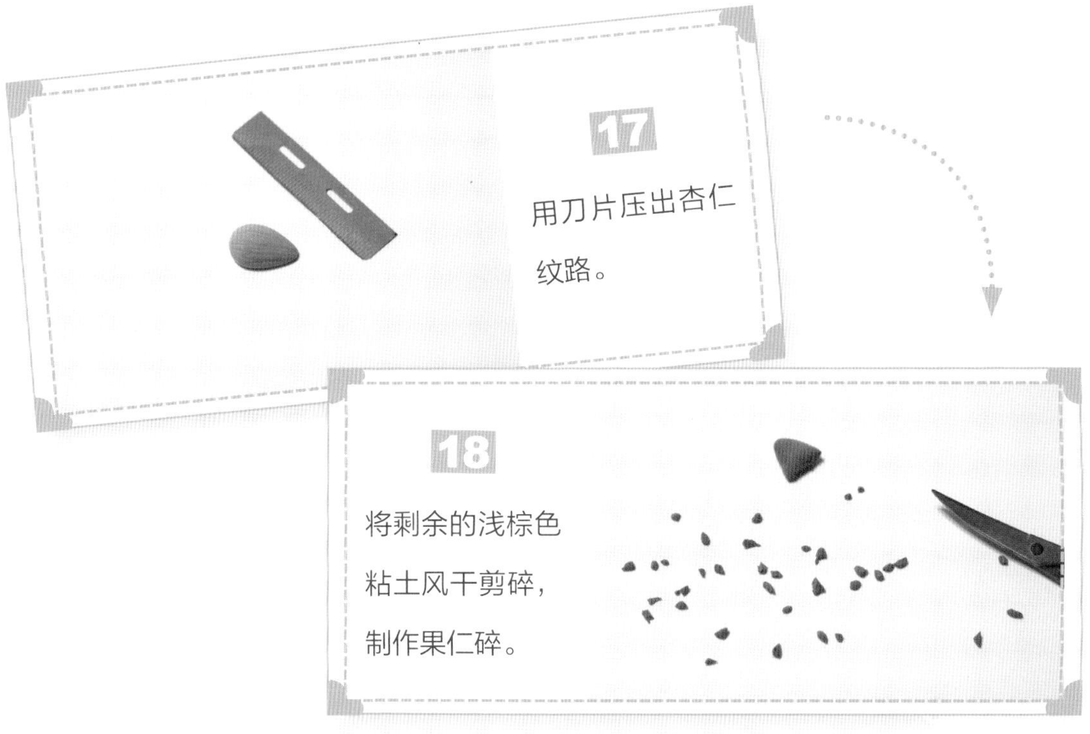

17

用刀片压出杏仁纹路。

18

将剩余的浅棕色粘土风干剪碎，制作果仁碎。

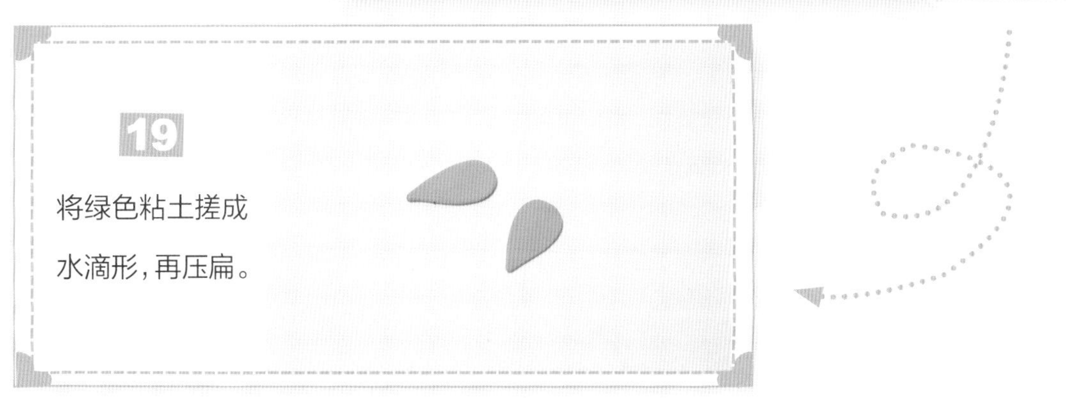

19

将绿色粘土搓成水滴形，再压扁。

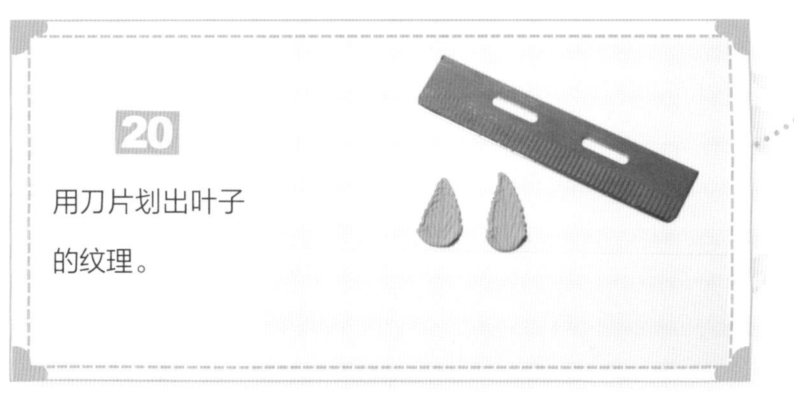

20

用刀片划出叶子的纹理。

21
将两片黏合，完成薄荷叶。
22
将纸粘土和水1:3混合。
23
搅拌均匀。
24
涂抹在面饼上。

25

放上香蕉片作夹心。

26

在容器底部涂上白胶。

27

撒上仿真椰蓉和果仁碎。

28

将制作好的白色奶油倒在内坯上，撒上仿真椰蓉。

29

放入制作好的配件。

30

完成。

花絮一

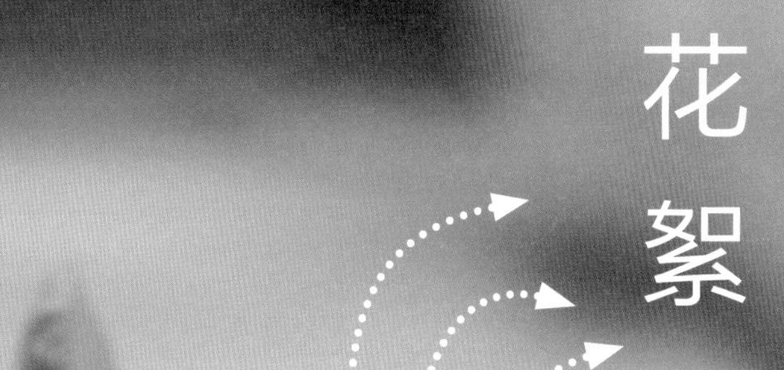

花絮二
get

ut of
our
fort
one.

花絮三

花絮四

图书在版编目（CIP）数据

张小瑜的粘土食玩 / 张小瑜著．—重庆：重庆大学出版社，2019.5

ISBN 978-7-5689-1376-8

Ⅰ.①张… Ⅱ.①张… Ⅲ.①粘土-手工艺品-制作

Ⅳ.①TS973.5

中国版本图书馆CIP数据核字（2018）第217914号

张小瑜的粘土食玩

ZHANGXIAOYU DE NIANTU SHIWAN

张小瑜 著

策 划 重报图书 重庆日报报业集团图书出版有限责任公司

责任编辑 汪 鑫

责任校对 张红梅

装帧设计 原豆文化

责任印制 邱 瑶

重庆大学出版社出版发行

出版人 易树平

社址 （401331）重庆市沙坪坝区大学城西路21号

电话 （023）88617190 88617185（中小学）

传真 （023）88617186 88617166

网址 http://www.cqup.com.cn

邮箱 fxk@cqup.com.cn（营销中心）

全国新华书店经销

重庆共创印务有限公司印刷

开本：787mm×1092mm 1/16 印张：9.5 字数：75千

2019年5月第1版 2019年5月第1次印刷

ISBN 978-7-5689-1376-8 定价：49.00元